环保公益性行业科研专项经费项目系列丛书

污染源条码制统计技术及应用

WURANYUAN TIAOMAZHI TONGJI JISHU JI YINGYONG

赵晓宏　易爱华　宋 佳　等编著

化学工业出版社

·北京·

本书共 9 章，介绍了条码技术在国内外各行各业中的应用情况，在分析我国环境管理现状的基础上提出了条码技术对于减排统计的可行性及必要性，并且根据条码技术的特点建立起实施框架和开展方案。本书内容主要涵盖了污染源条码制统计的可行性研究、编码体系的构建和动态更新、污染源统计方法、系统框架的构建、制度的制定及其应用示范六大板块，为污染源条码制管理在全国范围的开展提供重要的理论依据和技术支撑。

　　本书具有较强的技术性和针对性，可供从事环境污染源管理、环境统计等领域的科研人员和管理人员参考，也可供高等学校环境科学与工程及相关专业师生参阅。

图书在版编目（CIP）数据

污染源条码制统计技术及应用/赵晓宏等编著 .
北京：化学工业出版社，2018.7
　ISBN 978-7-122-32142-8

　Ⅰ.①污…　Ⅱ.①赵…　Ⅲ.①条码技术－应用－污染
源－统计　Ⅳ.①X501－39

　中国版本图书馆 CIP 数据核字（2018）第 096801 号

责任编辑：刘兴春　刘　婧　　　　　　　文字编辑：刘兰妹
责任校对：宋　夏　　　　　　　　　　　装帧设计：王晓宇

出版发行：化学工业出版社（北京市东城区青年湖南街 13 号　邮政编码 100011）
印　　装：三河市延风印装有限公司
787mm×1092mm　1/16　印张 11½　字数 237 千字　2018 年 9 月北京第 1 版第 1 次印刷

购书咨询：010-64518888（传真：010-64519686）　　售后服务：010-64518899
网　　址：http://www.cip.com.cn
凡购买本书，如有缺损质量问题，本社销售中心负责调换。

定　　价：85.00 元　　　　　　　　　　　　　　　　　版权所有　违者必究

序言
PREFACE

目前，全球性和区域性环境问题不断加剧，已经成为限制各国经济社会发展的主要因素，解决环境问题的需求十分迫切。环境问题也是我国经济社会发展面临的困难之一，特别是在我国快速工业化、城镇化进程中这个问题变得更加突出。党中央、国务院高度重视环境保护工作，积极推动我国生态文明建设进程。党的十八大以来，按照"五位一体"总体布局、"四个全面"战略布局以及"五大发展"理念，党中央、国务院把生态文明建设和环境保护摆在更加重要的战略地位，先后出台了《环境保护法》《关于加快推进生态文明建设的意见》《生态文明体制改革总体方案》《大气污染防治行动计划》《水污染防治行动计划》《土壤污染防治行动计划》等一批法律法规和政策文件，我国环境治理力度之大前所未有，环境保护工作和生态文明建设的进程明显加快，环境质量有所改善。

在党中央、国务院的坚强领导下，环境问题全社会共治的局面正在逐步形成，环境管理正在走向系统化、科学化、法治化、精细化和信息化。科技是解决环境问题的利器，科技创新和科技进步是提升环境管理系统化、科学化、法治化、精细化和信息化的基础，必须加快建立持续改善环境质量的科技支撑体系，加快建立科学有效防控人群健康和环境风险的科技基础体系，建立开拓进取，充满活力的环保科技创新体系。

"十一五"以来，中央财政加大对环保科技的投入，先后启动实施水体污染控制与治理科技重大专项、清洁空气研究计划、蓝天科技工程专项等，同时设立了环保公益性行业科研专项。根据财政部、科技部的总体部署，环保公益性行业科研专项紧密围绕《国家中长期科学和技术发展规划纲要（2006—2020 年）》《国家创新驱动发展战略纲要》《国家科技创新规划》和《国家环境保护科技发展规划》，立足环境管理中的科技需求，积极开展应急性、培育性、基础性科学研究。"十一五"以来，环境保护部组织实施了公益性行业科研专项项目 479 项，涉及大气、水、生态、土壤、固废、化学品、核与辐射等领域，共有中央级科研院所、高等院校、地方环保科研单位和企业等几百家单位参与，逐步形成了优势互补、团结协作、良性竞争、共同发展的环保科技"统一战线"。目前，专项取得了重要研究成果，已验收的项目中，共提交各类标准、技术规范 1232 项，各类政策建议与咨询报告 592 项，授权专利 629 项，出版专著 360 余部，专项研究成果在各级环保部门中得到较好的应用，为解决我国环境问题和提升环境管理水平提供了重要的科技支撑。

为广泛共享环保公益性行业科研专项项目研究成果，及时总结项目组织管理经验，环境保护部科技标准司组织出版《环保公益性行业科研专项经费项目系列丛书》。该丛书汇集了一批专项研究的代表性成果，具有较强的学术性和实用性，是环境领域不可多得的资料文献。丛书的组织出版，在科技管理上也是一次很好的尝试，我们希望通过这一尝试，能够进一步活跃环保科技的学术氛围，促进科技成果的转化与应用，不断提高环境治理能力现代化水平，为持续改善我国环境质量提供强有力的科技支撑。

中华人民共和国生态环境部副部长
黄润秋

前言
PREFACE

　　科学准确的环境统计数据是制定环境管理政策的出发点，也是反映环境管理成效的落脚点。环境统计数据已成为重要的国情数据，加强环境统计管理工作、改革统计制度、规范统计方法是新时期环境保护和减排工作的现实需要。一方面，自十八大提出建设美丽中国的目标以来，国家对环境保护提出了更高的要求，环境保护的成效最终都要通过数据反映，这就要求环境统计的范围不断扩大、深度不断拓展、数据更加准确；另一方面，环境统计工作基础能力比较薄弱，管理工作体系不健全。因此，急需构建适应新形势需求的新的统计方法和新的技术体系，进一步推进环境统计管理工作。

　　2014年环保公益性行业科研专项经费项目"污染源条码制统计方法及其示范研究项目"（201309065）充分利用条码技术准确、快捷、可追溯等特点，进行污染源条码制统计方法及其示范研究。探索提高统计数据质量，缓解跨业务部门信息流转难、统计工作量巨大、统计周期长等问题的技术和管理可行性，为推进主要污染物减排工作，解决关系民生的突出环境问题，改善环境质量提供有力的量化数据支撑及必要的技术准备。

　　本书基于2014年环保公益性行业科研专项经费项目"污染源条码制统计方法及其示范研究项目"（201309065）研究成果编著而成，首次提出了运用条码制的方法进行污染源统计管理。书中首先介绍了条码技术在国内外各行各业中的应用情况，然后在分析我国环境管理现状的基础上，提出了条码技术对于减排统计的可行性及必要性。然后，根据条码技术的特点建立起实施框架和开展方案。本书主要涵盖了污染源条码制统计的可行性研究、编码体系的构建和动态更新、污染源统计方法、系统框架的构建、制度的制定及其应用示范六大板块，为污染源条码制管理在全国范围的开展提供重要的理论依据和技术支撑。

　　本书是团队努力的结果，是集体智慧的结晶，由环境保护部环境工程评估中心、浙江大学、中科院地理科学与资源研究所、环境保护部环境规划院共同参与撰写。具体分工如下：第1章由干红华、刘二腾编著；第2章由赵晓宏、陈陆霞编著；第3章由赵越、刘敏编著；第4章由易爱华、邢可佳编著；第5章由潘鹏、朱美编著；第6章由宋佳、易爱华、诸云强编著；第7章由左文浩、朱美编著；第8章由曹东、赵学涛、杨威杉编著；第 9 章由刘二腾、葛亚力编著。全书最后由赵晓宏、易爱华、陈陆霞统稿并定稿。

限于编著者编著时间和水平，书中不足和疏漏之处在所难免，敬请读者提出修改建议。

编著者
2018 年 2 月

目 录
CONTENTS

第1章
条码技术的概论与应用

　　早期的信息系统中，数据的处理基本上都是通过人员手工录入，不仅录入数据的劳动强度大，而且数据误码率较高。为了解决这些问题，人们研究和发展了自动识别技术，可以实现在不同环境下对信息的自动识别，提高了系统信息获取和数据处理的实时性与准确性。自动识别技术是物联网体系的重要组成部分，可以对每个物品进行标识和识别，并可以将数据实时更新，是构造全球物品信息实时共享的重要组成部分，是物联网的基石。

1.1　自动识别技术的概念

　　自动识别技术（Auto identification and data capture，AIDC）是应用特定的识别装置，通过被识别物品和识别装置之间的接近活动，自动地获取被识别物品的相关信息，并提供给后台的计算机处理系统来完成相关后续处理的一种技术。例如，商场的条形码扫描系统就是一种典型的自动识别技术，售货员通过扫描仪扫描商品的条码，获取商品的名称、价格，输入数量，后台 POS 系统即可计算出该批商品的价格，从而完成顾客的结算。当然，顾客也可以采用银行卡支付的形式进行支付，银行卡支付过程本身也是自动识别技术的一种应用形式。

　　自动识别技术是以计算机技术和通信技术的发展为基础的综合性科学技术，它是信息数据自动识读、自动输入计算机的重要方法和手段，解决了人工数据输入的速度慢、误码率高、劳动强度大、工作简单重复性高等问题，为计算机信息处理提供了快速、准确地进行数据采集输入的有效手段。自动识别技术近几十年在全球范围内得到了迅猛发展，初步形成了一系列包括条码技术、磁条磁卡技术、IC 卡技术、光学字符识别、射频技术、声音识别及视觉识别等集计算机、光、磁、物理、机电、通信技术为一体的高新技术学科。目前，广泛运用于物流、制造、防伪和安全等领域。

　　完整的自动识别管理系统包括自动识别系统（Auto identification system，AIDS）、应用程序接口（Application interface，API）或者中间件（Middleware）和应用系统软件（Application software）。自动识别系统完成系统的采集和存储工作，系统通过中间件或者接口（包括软件的和硬件的）将数据传输给后台处理计算机，由计算机对所采集到的数据进行处理或者加工，形成对人们有用的信息。在此基础上，将其用户端延伸和扩展到任何物品，并在人与物品、物品与物品之间进行信息交换与通信。

1.1.1　自动识别技术的种类

　　自动识别技术的种类可以按照国际自动识别技术的分类标准进行分类，也可以按照应用领域和具体特征的分类标准进行分类。

　　按照国际自动识别技术的分类标准，自动识别技术可分为数据采集技术和特征提取技术。数据采集技术的基本特征是需要被识别物体具有特定的识别特征载体（如标签等，仅光学字符识别例外），而特征提取技术则根据被识别物体的本身的行为特征（包括静态的、动态的和属性的特征）来完成数据的自动采集。

数据采集技术包括以下几种。

1）光识别技术　条码（一维、二维）、矩阵码、光标阅读器、光学字符识别（OCR）。

2）磁识别技术　磁条、非接触磁卡、磁光存储、微波。

3）电识别技术　触摸式存储、RFID 射频识别（无芯片、有芯片）、存储卡（智能卡、非接触式智能卡）、视觉识别、能量扰动识别。

特征提取技术包括以下几种。

1）动态特征　声音（语音）、键盘敲击、其他感觉特征。

2）属性特征　化学感觉特征、物理感觉特征、生物抗体病毒特征、联合感觉系统。

按照应用领域和具体特征的分类标准，自动识别技术可以分为条码识别技术、生物识别技术、图像识别技术、磁卡识别技术、光学识别技术和射频识别技术等。

本节介绍几种运用最为广泛的自动识别技术，分别是条码识别技术、磁卡（条）识别技术、IC 卡识别技术、射频识别技术（RFID），并对其基本特性进行简单比较。

（1）条码识别技术

条码由一组规则排列的条、空以及相应的数字组成，这种用条、空组成的数据编码可以供条码阅读器识读，而且很容易译成二进制数和十进制数。这些条和空有各种不同的组合方法，构成不同的图形符号，即各种符号体系（也称码制），适用于不同的应用场合。

（2）磁卡（条）识别技术

磁卡识别技术应用了物理学和磁力学的基本原理，最早出现在 20 世纪 60 年代，当时伦敦交通局将地铁票背面全涂上磁介质，用来储值。后来由于改进了系统，缩小了面积，磁介质成为了现在的磁条。磁条从本质意义上讲和计算机的磁带和磁盘是一样的，它可以用来记载字母、字符及数字信息，通过黏合或热合与塑料或纸牢固地整合在一起，形成磁卡。

磁条识别技术的优点是数据可读写，即具有现场改写数据的能力；数据存储量能满足大多数需求，便于使用，成本低廉，还具有一定的数据安全性；它能黏附于许多不同规格和形式的基材上。这些优点使之在很多领域得到了广泛应用，如信用卡、银行 ATM 卡、机票、公共汽车票、自动售货卡、会员卡、现金卡（如电话磁卡）、地铁 AFC。

图 1-1 所示是几种磁卡应用示例。

磁条技术是接触识读，它与条码有三点不同：一是其数据可做部分读写操作；二是给定面积编码容量比条码大；三是对于物品逐一标识成本比条码高，接触性识读的缺点表现为灵活性较差。

磁卡的数据存储的时间长短受磁性粒子极性的耐久性限制，另外磁卡的安全性比较低，如磁卡不小心接触磁性物流就可能造成数据丢失或混乱。要提高存储数据的安全性能就必须采用另外的技术，但会增加成本。随着新技术的发展，安全性能较差的磁卡有逐步被取代的趋势，但短期内磁卡识别技术仍然会在许多领域应用。

图 1-1　磁卡应用示例

（3）IC 卡识别技术

IC（Integrated card）卡是 1970 年由法国人 Roland Moreno 发明的，他第一次将可编程设置的 IC 芯片放于卡片中，使卡片具有更多功能。IC 卡是一种电子式数据自动识别卡，IC 卡分接触式 IC 卡和非接触式 IC 卡两种，通常说的 IC 卡多数指接触式 IC 卡。

接触式 IC 卡是集成电路卡，通过卡里面的集成电路存储信息，它将一个微电子芯片嵌入卡基中，做成卡片形式，通过卡片表面 8 个金属触点与读卡器进行物理连接来完成通信与数据交换。IC 卡包含了微电子技术和计算机技术，作为一种成熟产品，是继磁卡之后出现的又一种新型信息工具。

IC 卡外形与磁卡相似，它与磁卡的区别在于数据存储的媒体不同。磁卡是通过卡上磁条的磁场变化来存储信息，而 IC 卡是通过电擦除式卡可编程只读存储器集成电路芯片来存储数据信息。

图 1-2 所示是 IC 卡应用示例。

图 1-2　IC 卡应用示例

接触式 IC 卡和磁卡比有以下特点。

1）安全性高　IC 卡从硬件和软件等几个方面实施安全策略，可以控制卡内不同区域的存取特性。加密 IC 卡本身具有安全密码，如果试图非法对之进行数据存取则卡片自毁，不可再进行读写。

2）存储容量大　磁卡的存储容量大约有 200 个数字字符；IC 卡的存储容量根据型号不同，小的几百个字符，大的上百万个字符。

3）可靠性高　IC 卡的防磁、防一定强度的静电、抗干扰能力强，可靠性比磁卡高，一般可重复读写 10 万次以上，使用寿命长。

4）综合成本低　IC 卡的读写设备比磁卡的读写设备简单可靠，造价便宜，容易推广，维护方便。

5）对网络要求低　IC 卡的安全可靠性使其在应用环境中对计算机网络的实时性、敏感性要求降低，有利于在网络质量不高的环境中应用。

目前，IC 卡被广泛运用于电话 IC 卡、购电（气）卡、手机 SIM 卡、牡丹交通卡（一种磁卡和 IC 卡的复合卡），以及即将大面积推广的智能水表、智能气表等。

（4）射频识别技术（RFID）

RFID（Radio frequency identification）即无线射频识别，是一种非接触式的自动识别技术，常称为感应式电子晶片或近接卡、感应卡、非接触卡、电子标签、电子条码等，它通过射频信号自动识别目标对象并获取相关数据，即可完成信息的输入和处理，能快速、实时、准确地采集和处理信息，识别工作无需人工干预，可工作于各种恶劣环境。

与传统的条码识别技术相比，RFID 技术利用无线射频信号通过空间耦合来实现无接触信息传递并通过所传递的信息达到目标识别和数据交换的目的，具有非接触、读取速度快、无磨损、不受环境干扰、使用寿命长和便于使用等诸多优点；同时，还具有防冲突的功能，能同时处理多张卡片。射频识别和条码一样是非接触式识别技术，由于无线电波能"扫描"数据，所以 RFID 挂牌可做成隐形的，有些 RFID 识别产品的识别距离可以达到数百米，RFID 标签可做成可读写的。

1.1.2　自动识别技术的比较

条码、磁卡、IC 卡及 RFID 等识别技术分别具有不同特征和应用场合，表 1-1 是几种自动识别技术的比较。

表 1-1　几种自动识别技术的比较

类别 特征	条码	磁卡	IC 卡	RFID
信息载体	纸、塑料薄膜、金属表面	磁性物资（磁条）	EEPROM	EEPROM
信息量	小	较小	大	大
读写能力	读	读/写	读/写	读/写
人工识读性	受约束	不可	不可	不可
保密性	无	一般	好	好
智能化	无	一般	有	有
环境适应性	不好	一般	一般	很好
识别速度	低	低	低	很快
通信速度	低	低	低	很快
读取距离	近	接触	接触	远
使用寿命	一次性	短	长	很长
国家标准	有	有	有	超高频没有
多标签同时识别	不能	不能	不能	能

1.2　条码技术简介

条码自动识别技术是以计算机、光电技术和通信技术的发展为基础的一项综合性科学技术，是信息数据自动识别、输入的重要方法和手段。条码技术从20世纪40年代进行研究开发到70年代逐渐形成规模，近30年的时间取得了长足的发展。

条码、光学字符识别（Optical character recognition，OCR）和磁性墨水（Magnetic ink character recognition，MICR）都是一种与印刷相关的自动识别技术。OCR的优点是人眼可读，可扫描，但输入速度和可靠性不如条码，数据格式有限，通常要用接触式扫描器；MICR是银行界用于支票的专用技术，在特定领域中应用，成本高，需接触识读，可靠性高。

条码技术现已应用在计算机管理的各个领域，渗透到了商业如POS系统、工业、交通运输业、邮电通信业、物资管理、仓储、医疗卫生、安全检查、餐饮旅游、票证管理以及军事装备、工程项目等国民经济各行各业和人民日常生活中。

第二次世界大战后，美国将其在第二次世界大战期间高效的后勤保障系统的管理方式引进流通领域，把商流、物流、信息流集为一体，并采用条码自动识别技术，改变了物资管理体制、物资配送方式、售货方式和结算方式，促进了大流通、大市场的发展，从而推动了物品编码和条码技术在国际范围的迅速发展。

条码是由一组按一定编码规则排列的条、空符号用以表示一定的字符、数字及符号组成的信息。条码系统是由条码符号设计，制作及扫描阅读组成的自动识别系统。条码卡分为一维码和二维码两种。一维码比较常用，如日常商品外包装上的条码就是一维码。它的信息存储量小，仅能存储一个代号，使用时通过这个代号调取远端计算机系统中的数据。二维码是近几年发展起来的，它能在有限的空间内存储更多的信息，包括文字、图像、指纹、签名等，并可脱离计算机使用。

条码种类很多，常见的大概有二十多种码制，其中包括Code39码（标准39码）、Codabar码（库德巴码）、Code25码（标准25码）、ITF25码（交叉25码）、Matrix25码（矩阵25码）、UPC－A码、UPC－E码、EAN－13码（EAN－13国际商品条码）、EAN－8码（EAN－8国际商品条码）、中国邮政编码（矩阵25码的一种变体）、Code－B码、MSI码、Code11码、Code93码、ISBN码、ISSN码、Code128码（Code128码，包括EAN128码）、Code39EMS（EMS专用的39码）等一维条码和PDF417等二维条码。

目前使用频率最高的几种码制是EAN、UPC、39码，交叉25码和EAN128码，其中UPC条码主要用于北美地区，EAN条码是国际通用符号体系，它们是一种定长、无含义的条码，主要用于商品标识。EAN128条码是由国际物品编码协会（EAN International）和美国统一代码委员会（UCC）联合开发、共同采用的一种特定的条码符号。

它是一种连续型、非定长有含义的高密度代码，用以表示生产日期、批号、数量、规格、保质期、收货地等更多的商品信息。另有一些码制主要是适应特殊需要的应用方面，如库德巴码用于血库、图书馆、包裹等的跟踪管理、25 码用于包装、运输和国际航空系统为机票进行顺序编号，还有类似 39 码的 93 码，它密度更高些，可代替 39 码。图 1-3 所示是几种常用的条码图样。

（a）EAN–13码　　　（b）EAN–8 码　　　（c）EAN–128码

（d）UPC–A码　　　（e）UPC–E码　　　（f）Code 39

图 1-3　几种常用的条码图样

上述这些条码都是一维条码。为了提高一定面积上的条码信息密度和信息量又发展了一种新的条码编码形式——二维条码。从结构上讲，二维条码分为两类：一类是由矩阵代码和点代码组成，其数据是以二维空间的形态编码的；另一类是包含重叠的或多行条码符号，其数据以成串的数据行显示。重叠的符号标记法有 CODE 49、CODE l6K 和 PDF417。

PDF417 是一种堆叠式二维条码，目前应用最为广泛。PDF417 条码是由美国 SYM-BOL 公司发明的，PDF（Portable data file）意为"便携数据文件"。组成条码的每一个条码字符由 4 个条和 4 个空，共 17 个模块构成，故称为 PDF417 条码。PDF417 条码可表示数字、字母或二进制数据，也可表示汉字。一个 PDF417 条码最多可容纳 1850 个字符或 1108 个字节的二进制数据，如果只表示数字则可容纳 2710 个数字。PDF417 的纠错能力分为 9 级，级别越高，纠正能力越强。由于这种纠错功能，使得污损的 PDF417 条码也可以正确读出。我国目前已制定了 PDF417 码的国家标准。PDF417 条码需要有 417 解码功能的条码阅读器才能识别。PDF417 条码最大的优势在于其庞大的数据容量和极强的纠错能力。当 PDF417 条码用于防伪时，并不是 PDF417 条码不能被复制，而是由于使用 PDF417 条码可以将大量的数据快速读入计算机，使得大规模的防伪检验成为可能。QR Code 码是由日本 Denso 公司于 1994 年 9 月研制的一种矩阵二维码符号，它除具有一维条码及其他二维条码所具有的信息容量大、可靠性高、可表示汉字及图像多种文字信息、保密防伪性强等优点外，还具有如下主要特点。

1）超高速识读　从 QR Code 码的英文名称 Quick response code 可以看出，超高速识读特点是 QR Code 码区别于四一七条码、Data Matrix 等二维码的主要特性。由于在用 CCD 识读 QR Code 码时，整个 QR Code 码符号中信息的读取是通过 QR Code 码符号的位置探测图形，用硬件来实现的，因此，信息识读过程所需时间很短，它具有超高速识读特点。用 CCD 二维条码识读设备，每秒可识读 30 个含有 100 个字符的 QR Code 码符号；对于含有相同数据信息的四一七条码符号，每秒仅能识读 3 个符号；对于 Data Martix 矩阵码，每秒仅能识读 2～3 个符号。QR Code 码的超高速识读特性是它能够广泛应用于工业自动化生产线管理等领域。

2）全方位识读　QR Code 码具有全方位（360°）识读的特点，这是 QR Code 码优于行排式二维条码如四一七条码的另一主要特点，由于四一七条码是将一维条码符号在行排高度上的截短来实现的，因此，它很难实现全方位识读，其识读方位角仅为 ±10°。

3）QR Code 码能够有效地表示中国汉字、日本汉字　由于 QR Code 码用特定的数据压缩模式表示中国汉字和日本汉字，它仅用 13bit 即可表示一个汉字，而四一七条码、Data Martix 等二维码没有特定的汉字表示模式，因此仅用字节表示模式来表示汉字，在用字节模式表示汉字时，需用 16bit（二个字节）表示一个汉字，因此 QR Code 码比其它的二维条码表示汉字的效率提高了 20%。

图 1-4 所示是几种常用的二维码样图。

（a）PDF 417码　　　　　　（b）Code 49码　　　　　　（c）Code 16码

图 1-4　几种常用的二维码样图

矩阵代码，如 Maxicode、Data Matrix、Code One、Vericode 和 DotCode A，矩阵代码标签可以做得很小，甚至可以做成硅晶片的标签，因此适用于小物件。

图 1-5 所示是几种常用的矩阵代码样图。

（a）Maxicode码　　　　　　（b）Data Matrix码　　　　　　（c）Code One

图 1-5　几种常用的矩阵代码样图

条码成本最低，适于大量需求且数据不必更改的场合。例如商品包装上就很适宜，但是较易磨损、且数据量很小。而且条码只对一种或者一类商品有效，也就是说，同样的商品具有相同的条码。与一维条形码相比二维条形码有着明显的优势，归纳起来主要有以下几个方面：a. 数据容量更大；b. 超越了字母数字的限制；c. 条形码相对尺寸小；d. 具有抗损毁能力。

1.3　条码技术发展现状

　　条码标识基本上覆盖了所有产品，例如商业 POS、物流中心、配送中心、大型商业城、连锁店，甚至家庭商店都基本条码化了。目前，世界各国把条码技术的发展重点向着生产自动化、交通运输现代化、金融贸易国际化、票证单据数字化、安全防盗防伪保密化等领域推进，除大力推行 13 位商品条码外，同时重点推广应用 UCC/EAN–128 码、EAN·UCC 系统位置码、EAN·UCC 系统应用标识符、二维条码等；在介质种类上，除大多印刷在纸质介质上外，还研究开发了金属条码、纤维织物条码、隐形条码等，扩大应用领域并保证条码标识在各个领域、各种工作环境的应用。20 世纪 70 年代成立的国际物品编码协会（EAN），负责开发、建立和推动全球性的物品编码及条码标识标准化。国际物品编码协会的宗旨是建立全球统一标识系统，促进国际贸易。其主要任务是协调全球统一标识系统在各国的应用，确保成员组织规划与步调的充分一致。国际物品编码协会和一些经济发达国家，正在将 EAN·UCC 系统的应用，从单独的物品标识推向整个供应链管理和服务领域。

　　许多国家和地区投入了大量资金建立地区或行业、国内或国际联通的电子数据交换系统，以提高现代化管理水平在国际贸易中的竞争能力。随着条码技术不断向着深度和广度发展，条码自动识别技术装备也正向着多功能、远距离、小型化、软件硬件并举、信息传递快速、安全可靠、经济适用等方向发展，出现了许多新型技术装备。

　　中国物品编码中心积极跟踪国际条码自动识别技术的动态，先后制定了条码、二维条码、商贸 EDI 等方面的 40 多项国家标准，圆满完成了科技部、国家计委、原国家技术监督局下达的《二维条码技术研究与应用试点》等多项国家重点科研任务。此外，还开辟了物流标准化、EDI、供应链管理、高效消费者响应（ECR）、全球产品分类（GPC）、全球数据同步（GDS）和产品电子代码（EPC）等研究领域。目前，中国商品条码系统成员已逾十万家；上百万种产品包装上使用了商品条码标识；使用条码技术进行自动零售结算的超市已超万家。条码自动识别技术已广泛应用于零售业、制造业、物流、贸易、军工、医疗药品、政府机关、学校、邮政、税务、海关、金融等诸多领域。

　　目前世界各国特别是经济发达国家条码技术的发展重点正向着生产自动化、交通运输现代化、金融贸易国际化、医疗卫生高效化、票证金卡普及化、安全防盗防伪保密化等领域推进，除大力推行 13 位商品标识代码外，同时重点推广、应用贸易单元 128 码、EAN 位置码、条码应用标识、二维条码等。国际上一些走在前面的国家或地区已在商业批发零售和分配、工业制造、金融服务、政府行政管理、建筑和房地产、卫生保健、教育和培训、媒介出版和信息服务、交通运输、旅游和娱乐服务等推广应用，取得了十分明显的成果。

　　条码技术与其他技术的相互渗透、相互促进，将改变传统产品的结构和性能。条码识读器的可识别和可编程功能，可以用在许多场合。它通过扫描条码编程菜单中相应的指令，使自身可设置成许多特定的工作状态，因而可广泛用于电子仪器、机电设备以及家用电器中。

1.4　引入污染源条码的业务必要性

1.4.1　条形码的技术优点

根据上文综述，条形码是迄今为止较经济、实用的一种自动识别技术。条形码技术具有以下几方面的优点。

1）输入速度快　与键盘输入相比，条形码输入的速度是键盘输入的 5 倍，并且能够实现"即时数据输入"。

2）可靠性高　键盘输入数据出错率为三百分之一，利用光学字符识别技术出错率为万分之一，而采用条形码技术误码率低于百万分之一。

3）采集信息量大　利用传统一维条形码一次可采集几十位字符的信息，二维条形码可以携带更多数据字符的信息，并有一定的自动纠错能力。

4）灵活实用　条形码标识既可以作为一种识别手段单独使用，也可以和有关设备联接起来实现自动化管理。

另外，条形码标签易于制作，对设备和材料没有特殊的要求，识别设备操作容易，不需要特殊培训，且设备也相对便宜。

1.4.2　引入污染源条码相对于传统污染源管理的优势

随着企业数量和规模的不断发展，污染源数量也在不断增加，对数量庞大、类型复杂的污染源进行有效管理的难度也随之增加。传统系统的污染源管理需要人工处理大量的污染源信息，而人工在录入处理污染源信息的过程中可能出现较高的错误率，导致污染源管理的失效和信息管理的失误。

引入污染源条码能为污染源管理提供有效的技术基础。相对于传统的污染源管理，引入污染源条码后可以帮助克服工作中存在的劳动强度大、效率低、容易出错、数据重复录入、处理延迟、工作量大、时间消耗多等缺点，从而有效地提高污染源的管理，可对排污单位、生产产品、污染处理设施进行有效监管，提高基础数据采集的准确性，提高环保单位成本控制管理的能力。污染源条码是实现污染源管理有效、及时、准确的技术基础，是提高环保单位对于污染源监管的管理水平的重要技术手段。

第2章
我国环境统计制度发展现状

2.1　发展与变革趋势

我国的环境统计工作最早可以追溯到 20 世纪 50 年代，当时国土、水利、气象、矿产等方面的统计中已有了环境统计的少许内容。1979 年，国务院环境保护领导小组办公室首次组织了全国 3500 多个大中型企业环境基本状况调查。

1980 年 11 月，为了加强环境管理，掌握环境污染、治理情况和环境保护工作开展情况，为制定相关政策、编制规划和开展管理工作服务，国务院环境保护领导小组办公室在北京主持召开了全国第一次环境统计工作会议，针对我国县及县以上工业"三废"排放及其治理情况和环保队伍自身建设、工作发展情况开展环境统计，这标志着我国环境统计工作的起步和环境统计报表制度的建立。由此开始，中国的环境统计进入制度化和规范化的快速发展时期。

之后，环境统计体系又经过不断调整和完善，1997 年，在乡镇污染源调查工作的基础上，增加了乡镇工业企业的统计，同时还增加了对社会生活及其他污染主要指标的统计。2001 年，扩大了危险废物集中处置情况的统计范围，细化了对城市污水处理状况的统计，增加了对城市垃圾无害化处理情况的统计调查。

2003 年，国家环保总局（现生态环境部）对环境统计提出了新的要求：如，修订《环境统计管理暂行办法》；改革、完善统计指标和方法；开展"三表合一"试点工作等。2005 年 9 月，国家环保总局印发《关于加强和改进环境统计工作的意见》，对环境统计工作进行较为全面的部署。

2006 年，国家环保总局在认真分析总结"十五"环境统计工作的基础上，研究并制定了"十一五"环境统计报表制度。"十一五"环境统计报表制度继续在充实调查项目、扩大调查范围、提高数据质量要求和数据分析利用水平等方面进行了改进。其调查内容增加了医院污染物和火电行业污染物的排放情况，增加了环境统计指标和季报制度。

2007 年 11 月，国务院批转《节能减排统计监测及考核实施方案和办法的通知》，同意发展改革委、统计局和环保总局分别会同有关部门制订的《单位 GDP 能耗统计指标体系实施方案》《单位 GDP 能耗监测体系实施方案》《单位 GDP 能耗考核体系实施方案》《主要污染物总量减排统计办法》和《主要污染物总量减排监测办法》《主要污染物总量减排考核办法》。通知要求"要逐步建立和完善国家节能减排统计制度，按规定做好各项能源和污染物指标统计、监测，按时报送数据"。通知指出，各地区、各部门要按照"三个方案"和"三个办法"的要求，全面扎实推进节能减排统计、监测和考核体系的建设。之后，在国务院印发的《国家环境保护"十一五"规划》中，要求"加强环境统计能力建设，改革环境统计方法，开展统计季报制度，全面、及时、准确提供环境综合信息"。

为了全面掌握我国环境状况，了解各种污染源的排污情况，国务院于 2008 年初开展第一次全国污染源普查，此次普查的时点是 2007 年 12 月 31 日，时期资料是 2007 年度。第一次全国污染源普查首次对我国所有的污染源进行了全面统计调查，调查对象超过 592.6 万个，包括工业源 157.6 万个、农业源 289.9 万个、生活源 144.6 万个、集中式污染治理设施 4790 个。第一次全国污染源普查首次掌握了我国污染源的总体样本，为建立科学的环境统计制度、改革环境统计调查体系、提高统计数据质量创造了条件。

目前中国已经形成了统一领导、分级负责的环境统计管理体制，建立了由企业、县级、地市级、省级和国家级的统计数据逐级上报工作体系，定期普查为基准、抽样调查和科学估算相结合、专项调查有效补充的调查统计方法。以第一次全国污染源普查为基础，结合"十二五"环境保护管理的需求，借鉴国内外先进经验，尤其是总量减排核查核算方法，我国目前已建立并实施"十二五"环境统计报表制度。

2.2　环境统计管理体制

我国政府统计系统主要由政府综合统计系统和部门统计系统组成。政府综合统计系统，又被称为政府统计局系统，是自上而下设置统计机构或配置统计人员，构成的综合统计系统。目前，中国国务院设立国家统计局，县以上地方各级人民政府设立独立的统计机构（统计局）。在乡一级人民政府则主要由专职或兼职的统计员来负责统计工作的具体协调管理。除此之外，国家统计局还直接管理着遍布全国的农村社会经济调查总队、城市社会经济调查总队和企业调查总队。中国地方政府综合统计机构，不仅为上级政府综合统计机构搜集、提供统计数据，同时还为本级地方政府搜集和提供统计信息，报送统计分析报告。

政府部门统计由国务院各政府部门和地方各级人民政府的各政府部门根据统计任务的需要设立的统计机构或有关机构中设置的统计人员构成，是官方统计系统的一个重要组成部分。政府部门统计系统的主要职责是：组织、协调本部门各职能机构的统计工作，完成国家统计调查和地方统计调查任务，制定和实施本部门的统计调查计划，搜集、整理、提供统计资料；对本部门和管辖系统内企业事业组织的计划执行情况进行统计分析，实行统计监督；组织、协调本部门管辖系统内企业事业组织的统计工作，管理本部门的统计调查表。

我国的环境统计工作采取"统一领导、分级负责"的制度。原环境保护部在国务院统计行政主管部门的业务指导下，对全国环境统计工作实行统一管理，制定环境统计的规章制度、标准规范、工作计划，组织开展环境统计科学研究，部署指导全国环境统计工作，汇总、管理和发布全国环境统计资料。具体工作主要由原环境保护部负责统计的部门和直属事业单位负责支撑统计的技术部门承担，原环境保护部统计部门是环境统计管理工作的机构，负责拟订环境统计管理制度，组织编制环境统计规划与计划，并监督实施等。支撑统计的技术部门是全国环境统计技术支持单位，承担着全国环境统计报表制度研究、报表设计、环境统计培训、数据收集和审核等工作。

县级以上地方环境保护行政主管部门在上级环境保护行政主管部门和同级统计行政主管部门的指导下，负责本辖区的环境统计工作。各级环保部门依照原环境保护部的要求，先后成立了相应的机构，将环境统计工作纳入机构职能，赋予机构污染物排放量指标分解、污染减排调度检查及考核和环境统计等职能。由同级负责统计的技术部门承担起技术支持任务。

2.3　环境统计报表制度

我国的环境统计制度主要分为两类：逐级上报（年报）汇总体系和国控重点源（指标）体系。根据工作目的，工作流程和工作内容两种体系具有较大的差别，因此针对污染源条码制管理体系与现行环境统计制度的衔接研究，需要将两个环境统计体系区别开来研究。

2.3.1　环境统计年报制度

环境统计年报制度的制定是为了解全国环境污染排放及治理情况，为各级政府和环境保护行政主管部门制定环境保护政策和计划、实施主要污染物排放总量控制、加强环境监督管理和污染防治提供依据。环境统计年报制度是依照《中华人民共和国统计法》和《环境统计管理办法》等相关规定制定的报表制度。

▶ 2.3.1.1　调查范围

环境统计年报制度的实施范围为包括污染物排放的工业源、农业源、城镇生活源、机动车，以及实施污染物集中处置的污水处理厂、生活垃圾处理厂（场）、危险废物（医疗废物）集中处理（置）厂等。

① 工业企业污染排放及处理利用情况的年报范围为有污染物产生或排放的工业企业。工业企业污染防治投资情况的年报范围为调查年度内施工的老工业源的污染治理投资项目，以及当年完成"三同时"环保验收的工业类建设项目。

② 农业源污染排放及处理利用情况的年报范围为种植业、水产养殖业、畜禽养殖业的废水污染物排放。

③ 城镇生活污染情况的年报范围为城镇的生活污水排放以及除工业生产、建筑、交通运输以外的生活及其他活动所排放的废气中的污染物。

④ 机动车的年报范围为载客汽车、载货汽车、三轮汽车及低速载货汽车、摩托车等机动车的废气污染物排放。

⑤ 生产及生活产生的污染物实施集中处理处置情况的年报范围为污水处理厂、生活垃圾处理厂（场）、危险废物（医疗废物）集中处理（置）厂。

▶ 2.3.1.2　调查方法

工业企业污染排放及处理利用情况年报的调查方法为对重点调查单位逐个发表填报汇总，对非重点调查单位的排污情况实行整体估算。

重点调查工业企业是指主要污染物排放量占各地区（以地市级行政区域为基本单

元）全年排放总量 85% 以上的工业企业。重点调查单位的筛选原则如下。

① 废水、化学需氧量、氨氮、二氧化硫、氮氧化物、烟（粉）尘排放量及工业固体废物产生量满足定义要求。

② 有废水或废气重金属（砷、镉、铅、汞、六价铬或总铬）产生的工业企业，有危险废物产生的工业企业等。

非重点调查单位的估算方法：以地市级行政单位为基本单元，根据重点调查企业汇总后的实际情况，估算非重点调查单位的相关数据，并将估算数据分解到所辖各县（市、区、旗）。非重点调查单位污染物排放量，以重点调查单位的排放总量作为估算的对比基数，采取"比率估算"的方法，即按重点调查单位排放总量变化的趋势（与上年相比排放量增加或减少的比率），等比或将比率略做调整，估算出非重点调查单位污染物排放量。

工业企业污染防治投资情况年报的调查方法为对有施工的老工业源的污染治理投资项目，或有当年完成"三同时"环保验收的工业类建设项目的工业企业逐个发表填报汇总。

农业污染排放及处理利用情况年报中畜禽养殖业的调查方法为对规模化养殖场/小区逐个发表调查养殖量、养殖方式和污染处理、处置情况，并结合相关基础数据和技术参数进行排放估算；种植业、水产养殖业和规模以下的畜禽养殖业调查方法为依据相关基础数据和技术参数进行估算。

城镇生活污染排放及处理情况年报的调查方法为依据城镇人口、能源消费量等相关基础数据和技术参数进行估算。

机动车污染排放情况年报的调查方法为依据相关基础数据和技术参数进行估算。

生产及生活中产生的污染物的集中处理处置情况年报的调查方法为对集中处理处置单位逐个发表填报汇总，包括污水处理厂、生活垃圾处理厂（场）、危险废物（医疗废物）集中处理（置）厂。

污水处理厂统计范围为集中式污水处理设施，包括城镇污水处理厂、工业废水集中处理厂（不包括企业内部废水处理厂）、其他的污水处理设施。

▶2.3.1.3 资料来源和报送内容及方式

① 工业污染排放及处理利用情况统计资料根据基层年报表"工业企业污染排放及处理利用情况""火电企业污染排放及处理利用情况""水泥企业污染排放及处理利用情况""钢铁冶炼企业污染排放及处理利用情况""制浆及造纸企业污染排放及处理利用情况"，以及综合年报表"非重点调查工业污染排放及处理情况"的数据汇总。工业污染防治投资情况统计资料根据基层年报表"工业企业污染防治投资情况"汇总。

② 农业污染排放及处理利用情况中发表调查规模化畜禽养殖场/小区情况统计资料根据基层年报表"规模化畜禽养殖场/小区污染排放及处理利用情况"汇总。

③ 城镇生活污染排放及处理情况统计资料来源于基层年报表"污水处理厂运行情况"和综合年报表"各地区城镇生活污染排放及处理情况"的数据汇总。城市污水处理情况统计资料根据基层年报表"污水处理厂运行情况"汇总。

④ 垃圾处理情况统计资料根据基层年报表"生活垃圾处理场（厂）运行情况"汇总。危险废物（医疗废物）集中处置情况统计资料根据基层年报表"危险废物（医疗废物）集中处理（置）厂运行情况"汇总。

⑤ 各地区报送的年报资料，其中全部数据库资料［基层表和综合表（包括县、市、省各级）］通过环保专网上报；年报打印表、数据逻辑校验打印表及年报编制说明等文本材料用邮寄的方式报送。

⑥ 环境统计年报报表制度实行全国统一的统计分类标准和代码。各省级环保部门可根据需要在本表式中增加少量指标，但不得打乱原指标的排序和改变统一编码。本报表制度由各地区环保部门统一布置，统一组织实施。年报报表的报告期为当年的 1～12 月。报送时间为次年的 4 月 10 日前。

▶ 2.3.1.4　技术路线与工作程序

区域污染物排放总量包含工业源、农业源、城镇生活源、机动车、集中式污染治理设施（不含集中式污水处理厂）的污染物排放量。

① 工业源采取对重点调查工业企业逐个发表调查与非重点调查工业企业整体估算相结合的方式调查。工业污染物排放总量即为重点调查企业与区域非重点调查企业排放量的加和。

② 农业源包括种植业、水产养殖业和畜禽养殖业，以县（区）为基本单位进行调查。畜禽养殖业中的规模化养殖场/小区逐户发表调查，污染物排放量依据养殖量和排放系数进行测算。

③ 城镇生活源以地市级行政区为基本调查单位，污染物产生量依据有关部门的统计数据和产生系数进行测算，排放量为产生量扣减集中式污水处理厂生活污染物的去除量。

④ 集中式污染治理设施逐个发表调查并进行汇总。

环境统计报表制度由环境保护部（现生态环境部）统一制定下发，各级环保部门组织实施。环境统计工作流程如图 2-1 所示。

重点调查单位的环境统计数据的收集上报，按照重点调查单位、县（区）环保部门、地市环保部门、省级环保部门、环境保护部（现生态环境部）的工作流程逐级审核上报。

同时，县（区）环保部门根据农业畜牧等部门提供的各种畜禽养殖量等数据填报农业源报表，地市级环保部门根据统计、城建、公安等有关部门提供的数据填报工业源非重点、生活源、机动车报表，并逐级上报、审核。

▶ 2.3.1.5　"十二五"环境统计报表制度较"十一五"主要变化

（1）调整了调查范围

1）新增了农业源调查内容　农业源调查内容包括种植业、水产养殖业和畜禽养殖业。

2）细化了机动车污染调查统计　调查载客汽车、载货汽车、三轮汽车及低速载货

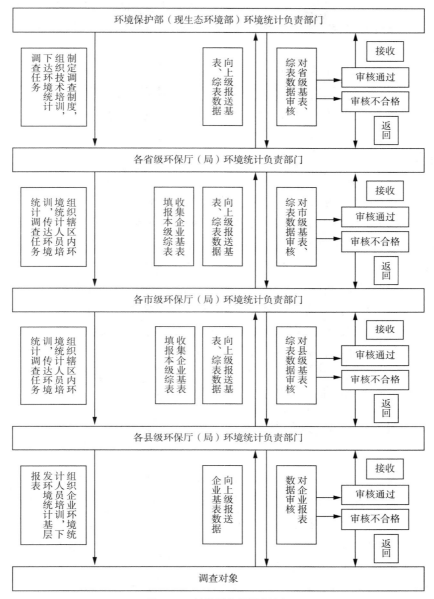

图 2-1　环境统计年报制度流程

汽车，以及摩托车的总颗粒物、氮氧化物、一氧化碳、烃类化合物等污染物排放量。

3）新增了生活垃圾处理厂（场）调查内容　调查范围为垃圾填埋厂（场）、垃圾堆肥厂（场）、垃圾焚烧厂（场）和其他方式处理垃圾的处理厂（场）。

4）删除了医院污染排放情况调查表　因城镇生活源报表中的人均污染物排放量指标均已包含医院污染物排放。

（2）指标体系进一步得到完善

1）新增了部分重污染行业报表　为更准确地核算污染物排放情况，除继续保留火电行业报表，"十二五"报表制度又增加了水泥、钢铁冶炼、制浆及造纸行业报表。

2）根据"十二五"环境保护工作重点，新增了相关指标　如增加了氮氧化物及废气中重金属产排情况的相关指标；增加了污染物产生量指标，加强了工业源、集中式污染治理设施的台账指标和污染治理指标设置；细化了危险废物统计指标；增加了生活源总磷、总氮等污染物指标。

3）进一步完善了指标设置　在"十一五"指标体系的基础上，删除了一些交叉重复和难于界定的指标，如删除了主要污染物去除量和达标率指标。

4）将环境统计专业报表整合简化为环境管理部分，纳入环境统计报表制度，不再区分环境统计综合年报和专业年报。

（3）其他主要变化

1）工业源重点调查对象的筛选和调整原则有所变化　工业源重点调查对象筛选的总体样本库由原来的排污申报登记数据库调整为第一次全国污染源普查数据库，且筛选原则较"十一五"有所变化。在初步筛选出的工业源重点调查对象名单基础上，对调查年度期间新增和关闭企业的调整原则均有了明确的规定。

2）生活源调查技术路线发生变化　生活源调查由原县级环保部门调整为地市级环保部门统一核算，并将污染物排放量分解至所辖区县填报相关报表。

3）完善了部分产排污系数　在第一次全国污染源普查产排污系数基础上，补充完善了部分工业源、农业源、城镇生活源、机动车和集中式污染治理设施的产排污系数。

4）进一步修订了指标解释　对部分指标的解释进一步细化和明确；部分来源为其他部门的指标，参考相关部门的指标解释进行了修订完善。

2.3.2　国控重点源直报制度

（1）工作定位

国控重点源直报制度（简称"直报制度"）是指对国家重点控制和监控的污染排放量较大的企业实行的污染数据直接上传到原环境保护部的统计工作，直报制度是环境统计工作改革的趋势，对有条件的企业率先实施污染数据直接报送有利于提高统计数据时效性、准确性，有利于环保工作宏观经济决策。目前国家已有多个部委试点或者全面地开展直报统计工作，包括统计局、教育部、卫生部、发改委等。

环境保护部（现生态环境部）的直报工作开始于 2012 年，在 2012～2013 年间有 5 个省（含 8 市）开展了相关的试点工作。从 2013 年 9 月（第 3 季度）开始，原环境保护部针对国家重点监控企业开展的环境统计数据直报工作进入全国试运行阶段。

直报制度的调查范围包括纳入各地国控源名单的：废水企业、废气企业和污水处理厂，其中废水和废气企业又包括一般工业企业、火电行业企业、水泥行业企业、钢铁行业企业和造纸印染行业企业等重污染行业。各地可以根据自己的实际情况适当扩展到省控、市控企业。

相对年报制度来说，直报系统的报表更加简洁和具有针对性，直报系统的报表分为两大类，如表 2-1 所列：基层报表和综合报表。其中基层报表按照企业类型来分类统计和汇总，在基层报表的基础上综合报表对各地区（省级）的不同工业企业进行汇总，最后统一上报到环保部门数据库中。

表 2-1　直报系统报表分类

表　号	表　名
综合报表	各地区工业企业污染排放及处理利用情况
	各地区电力企业污染排放及处理利用情况
	各地区水泥企业污染排放及处理利用情况
	各地区钢铁冶炼企业污染排放及处理利用情况
	各地区造纸和纸制品企业污染排放及处理利用情况
	各地区污水处理厂运行情况
基层报表	工业企业污染排放及处理利用情况
	火电企业污染排放及处理利用情况
	水泥企业污染排放及处理利用情况
	钢铁冶炼企业污染排放及处理利用情况
	造纸和纸制品企业污染排放及处理利用情况
	污水处理厂运行情况

（2）填报要求

首先直报系统对基层报表有着明确的要求，例如《工业企业污染排放及处理利用情况》需要包括调查范围内的所有国控工业企业。而《火电企业污染排放及处理利用情况》表则规定调查火电厂、热电联产企业（行业代码为 4411，包括垃圾和生物质焚烧发电厂）和非火电行业企业具有自备电厂的，不含余热发电；《水泥企业污染排放及处理利用情况》表调查有熟料生产的水泥企业（行业代码为 3011）；《钢铁冶炼企业污染排放及处理利用情况》表只调查含有烧结、球团中一种或两种工序的钢铁冶炼企业填报，不含烧结、球团工序的钢铁企业不必填报该表；《制浆造纸企业污染排放及处理利用情况》表调查具有制浆或造纸（抄纸）工艺的造纸和纸制品企业和重点行业选择制浆造纸企业；《污水处理厂污染排放及处理利用情况》表涵盖国控名单中的所有污水处理厂以及城镇污水处理厂和集中式工业污水处理厂。

因此根据直报系统的填报要求，根据行业代码、重点行业、是否含有自备电厂，系统自动生成填报表，如表 2-2 所列。

表 2-2　直报系统报表生成原则

一般工业表	调查范围内的所有工业企业
火电企业表	行业代码 4411 或重点行业选择火电或含有自备电厂
水泥企业表	重点行业选择水泥
钢铁企业表	重点行业选择钢铁
造纸企业表	重点行业选择造纸
污水厂表	调查范围内的所有污水处理厂

工业企业按照环境统计规定选取适当的技术方法（监测数据法、产排污系数法和

物料衡算法）来计算自身的污染物产生量和排放量。在取得污染数据后，企业通过直报系统专门的软件进行数据上传，在数据到达原环境保护部之前，企业数据会进入逐级审核流程，审核会以"市"为基本单位，进行数据审核，市级数据收集完整后才能统一提交至省级审核。

（3）数据传送和审核流程

直报系统与年报系统相比，对网络和计算机硬件要求较高，首先作为填报主体企业需要有硬件设备和网络环境才能满足使用电脑登录互联网填报数据；其次各级环保部门需要使用电脑登录环保专网对数据进行审核，尤其是地市（区县）环保专网的普及才能满足直报工作需要。直报系统的工作时间为每季度最后一个月1日开始，用时5天。

在硬件和网络环境准备好后，直报系统工作的第二个步骤为创建与更新调查单位名录库。各级环保部门将调查对象名单导入直报系统，这些信息包括企业名称、行政区划、组织机构代码。其中国控企业包括废水、废气、污水处理厂由原环境保护部负责将当年国控企业名单导入直报系统。省控、市控企业由省、市级环保部门根据地区管理需要自行添加，可以把现有国控企业增设省控、市控属性，也可新增非国控企业，流程参见图2-2。

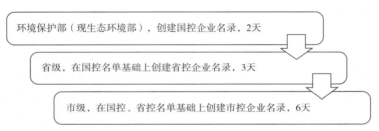

图2-2   直报系统调查名录库创建流程和时间

名录库更新工作时间次序需要与创建过程一致。名录库内容需要每季度核实、在核实过程中更新现有调查范围内企业的基本信息、企业状态（停产、季节性停产、关闭）、是否停报。

国控企业基本信息年度更新，生产状态季度更新，由市级环保部门完成。省控、市控企业基本信息、生产状态季度更新，分别由省级、市级环保部门完成。

直报系统数据审核实行逐级分阶段审核流程，在市级审核阶段，市级环保部门完成数据审核、打回、全部数据通过审核、提交至省级环保部门全过程；在省级审核阶段，省级环保部门对市级提交的数据进行审核、将不能通过数据打回至市级、市级处理打回数据（打回企业、备注直接提交至省级）、省级审核通过的数据将会以市为单位提交至国家级；在国家级审核阶段，原环境保护部负责数据审核将不通过数据打回至市级、市级处理打回数据（打回企业、备注直接提交至省级）、原环境保护部再次审核数据，数据通过后完成验收。流程参见图2-3。

（4）业务分工

在国家层面，原环境保护部负责组织实施国控源直报工作。环境保护信息中心负责国家、省、市三级环保专网通道畅通，协调CA证书认证及日常管理工作。原环境保

护部派出机构 – 督查中心负责协助开展数据审核，组织开展环境统计数据质量现场抽查巡查，与省、市环保部门沟通衔接。中国环境监测总站负责国控源直报工作相关技术要求的拟定，全国直报工作业务技术支持和国家级直报数据审核汇总等。

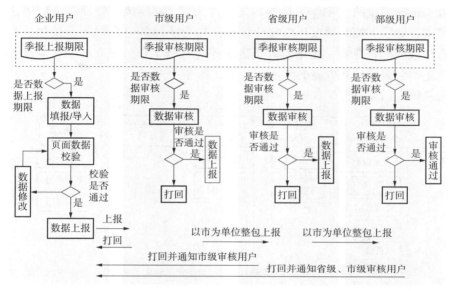

图 2-3　直报系统数据逐级审核流程

省级层面相关部门负责制定直报工作方案，组织部署全省直报工作开展，统一管理并确定新增统计调查需求，核实调查单位名录库，组织开展全省直报工作培训，制定直报数据质量现场抽查巡查方法，省级每年国控企业现场抽查率不低于 10%，建立企业抽查档案，组织区域直报信息发布工作。省级环境统计技术支持部门负责管理省级直报管理账户、审核账户，增补、更新省控企业调查对象，定制辖区的调查指标，督促市级直报数据上报，完成省级直报数据审核，提供全省直报业务技术工作，归纳总结直报工作问题，反馈上级业务技术支持部门。省级信息技术支持部门负责协助做好辖区内环保专网的安全畅通，对环保部门和调查单位开展软件培训，协助统计技术支持部门做好数据库备份和管理，配备专门人员提供软件技术支持，总结直报软件问题，反馈给软件公司。

市级层面相关部门负责制定直报工作方案，组织部署全市直报工作开展，统一管理并确定新增统计调查需求等前期准备工作；组织开展全市直报工作培训，制定直报数据质量现场抽查巡查方法，市级每年国控企业现场抽查率不低于 30%，建立企业抽查档案；组织辖区内直报信息发布工作。市级环境统计技术支持部门负责管理市级直报管理账户、审核账户，管理、更新国控企业调查对象信息、标注企业停产状态，增补、更新市控企业调查对象，定制辖区内的调查指标，下发调查单位账户、密码，管理企业 CA 证书、密码状态。市级信息技术支持部门负责对环保部门和企业开展软件培训，指导调查单位完成用户登录、CA 安装等软件操作，协助统计技术支持部门做好数据库备份和管理。归纳总结问题，向业务支持部门反馈。

县级环保部门的主要责任是协助市级环保部门核实清查企业名录库、季度停报企业名单，指导企业数据填报、催报，开展数据审核、数据质量现场抽查巡查。直报数据为三级审核，没有独立的区县级账户，但是在实际工作过程中可以通过申请多个市级审核用户，交给区县级环保部门，同时对区县级整体分工、避免工作重叠。

调查单位需要按照《中华人民共和国统计法》《环境统计管理办法》等法律法规的相关要求，如实、按时填报环境统计数据，接受环保部门直报业务指导，配合环保部门的直报数据抽查巡查，制定专人负责国控源直报工作，建立联系人制度。建立完善对企业生产台账等档案资料的管理。

直报系统部门业务分工如图 2-4 所示。

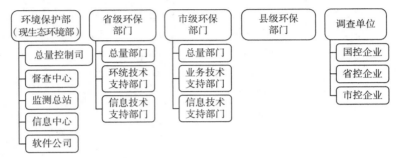

图 2-4　直报系统部门业务分工一览

2.4　环境统计法律保障

最近 20 年以来，我国的环境统计制度在《中华人民共和国统计法》《统计法实施细则》《部门统计管理办法》等基本法律规范基础上不断完善，初步形成了我国环境统计工作的基本法规体系。环境统计相关规章制度如表 2-3 所列。

表 2-3　环境统计相关规章制度

编号	法规名称	颁布时间	颁布单位	位阶	核心内容及意义
1	统计法	2009 年 6 月	全国人大常委会	法律	适用于所有统计领域，对环境统计工作具有指导意义
2	环境保护法	1989 年 12 月	全国人大	法律	未对环境统计做专门规定
3	关于加强和改进环境统计工作的意见	2005 年 9 月	国家环保总局	规范性文件	对我国环境统计工作存在的问题、目标和主要任务等做出了明确的分析，为今后改革指明了方向
4	环境统计管理办法	2006 年 11 月	国家环保总局	部门规章	环境统计的第一个法规性文件。该办法对环境统计管理的概念、范畴、技术规范等做出具体规定
5	全国环境统计数据审核技术要求	2007 年 9 月	国家环保总局	技术规范	对统计审核的技术方法做了详细规定
6	主要污染物总量减排统计办法	2007 年 11 月	国家环保总局	部门规章	详细规定了"十一五"期间主要污染物排放统计方法和核算方式

续表

编号	法规名称	颁布时间	颁布单位	位阶	核心内容及意义
7	环境统计报表填报指南	2008 年 6 月	环境保护部	技术规范	指导和规范各级环境统计人员开展环境统计报表填报工作重要的指导手册
8	环境统计技术规范	制定中	环境保护部	技术规范	规范环境统计工作，保证环境统计数据的质量，具有重要意义
9	环境统计数据使用管理暂行规定	拟发布			
10	环境统计数据审核办法	拟发布			
11	环境统计技术规范	拟发布			
12	全国环境统计标准化建设标准	拟发布			
13	"十二五" 主要污染物总量减排统计体系考核细则	拟发布			

2005 年 9 月，国家环保总局印发了《关于加强和改进环境统计工作的意见》。总结了环境统计工作存在的主要问题，对问题产生的原因进行了分析，并提出了"十一五"期间加强和改进环境统计工作的目标和主要任务。确立"十一五"期间环境统计工作的目标是"理顺环境统计体制，完善统计制度，改革统计调查方法，不断提高环境统计数据质量和时效性，努力使环境统计数据能够较为全面、真实地反映环境状况和环保工作进展，反映经济运行中伴随的环境问题，为环境管理、决策和经济社会的可持续发展提供及时、有效的数据支持"。提出了"修改完善环境统计管理制度，精简完善环境统计指标体系，改革环境统计调查方法，加强环境统计基础研究工作，抓住关键环节、提高数据质量，理顺环境统计工作体制，加强环境统计机构、队伍和能力建设，建立健全与有关部门、行业协会的合作机制"八项任务。

2006 年 11 月 4 日发布第 37 号令《环境统计管理办法》，确立了环境统计的第一个法规性文件。《环境统计管理办法》对环境统计管理的概念、范畴、技术规范等做出了具体规定。该办法指出环境统计的任务是对环境状况和环境保护工作情况进行统计调查、统计分析，提供统计信息和咨询，实行统计监督。环境统计的内容包括环境污染及其防治、环境质量统计、自然资源开发及其保护、生态保护、环境管理和环境保护系统自身建设以及环境经济、环保产业等其他有关环境保护的事项；对统计机构和人员设置提出要求，明确各级机构的职责；指出环境统计工作实行"统一管理、分级负责"。原国家环保总局在国家统计局的业务指导下，对全国环境统计工作实行统一管理和组织协调。县级以上地方各级环保部门在同级统计行政主管部门的业务指导下，对本辖区的环境统计工作实行统一管理和组织协调。中央和地方有关行政管理部门、企业事业单位，在各级环保部门的业务（统计）指导下，负责本部门、本单位的环境统计工作。强调各级环保部门应加强环境统计机构、队伍和能力建设，设置专职的环境统计岗位、制定规范的岗位管理制度，培养环境统计人才，同时通过定期培训和交流，不断提高环境统计人员的业务素质，提高环境统计工作水平；对奖励和处罚做出了明确规定。指出各级环保部门要建立环境统计奖惩制度，从制度建设、机构建设、人员配备、数据质量、执法力度等方面进行考核，对在环境统计工作中作出显著成绩的环境统计机构和人员给予表彰奖励。

2007 年，国务院批转节能减排统计监测及考核实施方案和办法的通知（国发〔2007〕36 号文），通知要求充分认识建立节能减排统计、监测和考核体系的重要性和紧迫性。要切实做好节能减排统计、监测和考核各项工作，"要逐步建立和完善国家节能减排统计制度，按规定做好各项能源和污染物指标统计、监测，按时报送数据"，要加强领导、密切协作，形成全社会共同参与节能减排的工作合力。

2013 年，环境保护部、国家统计局、国家发展和改革委员会、监察部四大部委联合发文（环发〔2013〕14 号），下发了《关于印发"十二五"主要污染物总量减排统计、监测办法的通知》。《"十二五"主要污染物总量减排统计办法》对化学需氧量、氨氮、二氧化硫、氮氧化物四项主要污染物的排放来源、统计频率、调查方法、污染物核算方法做出了详细的规定，明确了调查对象、县、市、省各级责任主体的工作内容和要求，并提出了相关保障措施和制度。

另外，地方政府也制定了一系列地方性规章制度，如新疆维吾尔自治区制定了《新疆维吾尔自治区污染源数据统一管理办法（试行）》；重庆市出台了《重庆市环境统计年报工作考核评比办法（试行）》；山东、广东等地区陆续都采取相应措施，加强法规制度建设。

2.5 "十二五" 环境统计数据主要内容

2.5.1 工业源

"十二五"期间，工业源的统计内容包括"工业企业污染排放及处理利用情况"和"工业企业污染治理投资情况"两部分。

（1）工业企业污染排放及处理利用情况

"工业企业污染排放及处理利用情况"的调查方法为：对重点调查工业企业逐个发表填报汇总，对非重点调查工业企业的排污情况实行整体估算。

重点调查单位的筛选办法是：以第一次全国污染源普查动态更新数据库为总体样本，筛选主要污染物排放量占各地区（以区县级为基本行政单位）全年排放量的 85%以上的工业企业。筛选指标为废水、化学需氧量、氨氮、二氧化硫、氮氧化物、烟尘、粉尘排放量及工业固体废物产生量，同时具备以下两者情况之一的也确定为重点调查单位：废水中有重金属类物质产生的企业；产生危险废物的企业。

工业企业污染排放及治理情况报表共 119 个指标。

同时，"十二五"环境统计报表制度将火电、造纸、水泥、钢铁 4 个重污染行业从工业企业环境统计调查表中独立出来，单独制表进行调查，以丰富重污染行业的环境统计信息，同时提高重污染行业的环境统计数据质量，为反映我国保护环境与工业结构调整提供有力的数据支持。其中火电表共 103 个指标，造纸表 101 个指标，水泥表 76 个指标，钢铁表 98 个指标。

"工业企业污染排放及处理利用情况"共 5 张基础报表，每张基础报表对应一张汇总报表。5 张基础报表合并生成一张全部企业的基础报表，同时对应一张全部企业的汇总报表，共 7 张综合表：《工业企业污染排放及处理利用情况》《火电企业污染排放及处理利用情况》《水泥企业污染排放及处理利用情况》《钢铁冶炼企业污染排放及处理利用情况》《制浆及造纸企业污染排放及处理利用情况》《各地区工业污染排放及处理利用情况》《各地区重点调查工业污染排放及处理利用情况》《各地区火电行业污染排放及处理利用情况》《各地区水泥行业污染排放及处理利用情况》《各地区钢铁冶炼行业污染排放及处理利用情况》《各地区制浆及造纸行业污染排放及处理利用情况》《各地区工业污染防治投资情况》《各地区非重点调查工业污染排放及处理利用情况》。

（2）工业企业污染治理投资情况

对有在建工业污染治理项目的工业企业逐个发表填报汇总，共 11 个指标，包含 1 张基础报表和 1 张汇总报表。

2.5.2　城镇生活源

城镇生活污染是指除工业生产活动以外的所有社会、经济活动及公共设施的经营活动产生的污染，包括"三产"等服务性行业，统称"城镇生活污染"。城镇生活污染物排放量以县（区）为基本行政单位填报，通过城镇生活用水、能源消耗等基础数据和相关系数测算而得。

城镇生活污染报表共 23 个指标。

2.5.3　机动车

为了解机动车氮氧化物等废气污染物排放情况，将机动车从城镇生活中独立制表，以地市级为基本行政单位，通过机动车在用数量等基础数据和相关系数测算而得。

机动车污染排放情况报表共 36 个指标。

2.5.4　集中式污染治理设施

集中式污染治理设施调查方法为对各集中处理处置单位逐个发表填报汇总，包括污水处理厂、危险废物集中处置厂、医疗废物处置厂和垃圾处理厂。其中污水处理厂涵盖市县级和建制镇的污水处理厂、工业废（污）水集中处理设施等，污水处理厂基础报表共 37 个指标，危险废物集中处置厂共 24 个指标，医疗废物处置厂共 23 个指标。

2.5.5　农业源

农业源主要包括农村生活源、农业种植源、畜禽养殖源、水产养殖源四大方面，在 2007 年的污染源普查中，农业污染源发表调查了畜禽养殖户 196 万多家，其中专业养殖户 186 万多家，规模以上养殖场和养殖小区 97000 多家；调查水产养殖场和专业户 88 万多个，其中养殖场近 7000 个，主要分布在我国南方地区。对 2007 年纳入普查范畴的种植业、畜禽养殖以及水产养殖污染源均应纳入"十二五"环境统计范围，必需获取农业面源全口径的排放总量数据。对规模化畜禽养殖场、养殖小区和规模化水产养殖场作为重点调查对象，进行发表调查，争取获取比较符合实际的排放数据。除重点调查对象进行发表调查外，对于农村种植业、畜禽和水产养殖户面源污染源等借鉴 2007 年普查的核算方法和产排污系数，以区县为单位进行排放量测算。

2.6　环境统计报表的上报及审核

环境统计数据报告程序首先是由重点调查单位填报纸质报表，并报送给区县级环保部门；区县级环保部门将排污单位上报数据录入统计数据库，并逐级上报；省级环保部门对统计数据进行审核后，在次年的 4 月 10 日之前将全部数据库资料通过网络传报给国家级环保部门，同时将打印表、编制说明等文本材料用邮寄的方式报送。

中国环境监测总站根据企业上报的基本信息、燃料、原料、工艺特征、治理状况及排放数据等基础资料，结合已有的资料和实际监测数据对统计数据进行审核。审核内容包括上报数据的及时性、完整性及准确性（企业基础数据和汇总数据准确性）。环境统计数据的审核严格依据《环境统计管理办法》《环境统计技术导则》《环境统计报表制度》《环境统计报表填报指南》等相关技术规范和要求进行。

（1）审核方法

审核方法包括：a. 依据统计报表数据对各指标的逻辑关系、完整性及格式进行判别；b. 依据企业提供的生产运行记录台账、工艺特点等进行审核；c. 利用监测数据、物料衡算数据及产排污系数数据进行审核；d. 利用多年积累的历史资料审核或利用有关部门的资料进行审核。

（2）审核程序

审核程序包括：各级（县、市）环境保护部门按时上报环境统计表，经省级环境保护部门审核后，交至国家环境保护部门，由中国环境监测总站依据《全国环境统计数据审核办法》对统计数据进行全面审查核实，并将审核意见反馈至数据报送单位。对有异议的统计数据，由中国环境监测总站报环境保护部（现生态环境部）环境统计主管部门，由环境统计主管部门负责组织全国环境统计数据审核专家组（包括经济学家、技术专家等）对有争议的数据进行审定。数据核定无误后报经原环境保护部批准后，定期公布有关环境统计数据。

2.7　环境统计方面存在的主要问题

项目开展过程中，课题组对国家、省、市、县四级涉及污染源管理及减排统计工作的部门进行了调研，通过调研发现，我国环境统计方面目前存在的主要问题有以下几个方面。

（1）基层人员及经费不足，环境统计能力尚待提高

基层环保部门对环境统计工作不够重视，行政机关中统计机构及岗位得不到保证，个别省甚至取消了环境统计岗位。统计工作人员多为兼职或临时借调人员，统计人员流动性大、队伍不稳定。

环境统计工作经费不足，对基础研究缺少必要的投入。部分地级城市没有配备统计用计算机，有些区县环境统计人员要到其他部门去录入数据，直接影响环境统计数据的准确性和时效性。

（2）审核机制尚未建立，责任人不明确

目前环境统计采用的是企业自报、区县、市、省、国家级环保部门由下至上、逐级汇总审核的工作制度和体系，目前这套体系的最大症结在于企业责任心差、填报数据不准确、基层环保部门审核能力不足，由此造成环境统计数据质量缺乏保证。而在审核的过程中，一般需要几上几下的修改过程，耗费大量人力时间，且最终数据不再反馈企业，无法找到数据的明确责任人。

（3）环境统计指标体系仍需改进

现行指标体系比"十一五"期间有了较大的改进，但仍然存在一些问题，主要污染物种类不全面，扩展性不强，某些特殊污染行业的特殊污染物无法纳入统计；指标设计仍较复杂，重点不突出；部分指标界定范围不清晰，解释不明确；部分指标重复。

（4）多套数据衔接问题突出

由于多头管理和管理目标的不同，同一污染源的数据差异性大；同时，总量核算与环统数据的差异也使两套数据难以衔接，基本是统计数据小于核算数据。

第3章
我国污染源管理现状

3.1 污染源的管理数据

污染源，即环境污染的发生源，污染物的来源。在我国的环境保护领域中，污染源是科学研究和环境保护监管职能中的核心对象。污染源的各类数据是环保管理业务中的基础和关键数据，贯穿着环境保护工作的各个环节。

环保部门对于同一污染源管理数据主要包括环境统计数据、排污申报数据及排污收费数据，除此之外还包括总量核查、污染源普查、在线监测等数据。各类数据与职能部门间的隶属关系如图 3-1 所示。环境统计数据基本情况已在第 2 章介绍，以下重点分析其他几类数据。

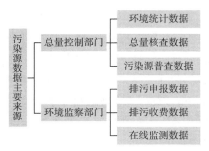

图 3-1 我国环保系统内主要数据来源

3.1.1 总量减排核查数据

（1）总量减排核查介绍

总量减排核查核算是指省、自治区、直辖市首先对本行政区域内核算期（年、半年度）主要污染物新增排放量、新增削减量和排放量进行核算，国家对其核算结果进一步核实。国家同时对各省、自治区、直辖市减排工作开展情况、年度减排计划制订、各项减排措施落实及减排目标完成情况进行检查和核实。

总量减排核查采用资料审核与现场核查相结合的方式，包括日常督查和定期核查。定期核查分为半年核查和年度核查。

1）日常督查 指生态环境部各督查中心对各省、自治区、直辖市制定的减排措施的落实情况和减排计划的完成情况所进行的日常督促检查。由生态环境部各督查中心会同省、自治区、直辖市环保部门联合开展，或者由各督查中心独立开展。日常督查每上、下半年至少各进行一次。

2）定期核查 指生态环境部各督查中心对各省、自治区、直辖市上报的半年或年度污染减排计划执行情况，各项减排措施落实情况，以及完成的二氧化硫、氮氧化物、化学需氧量、氨氮削减量数据的真实性和一致性所进行的检查、核算和核实。

（2）总量减排核查数据主要内容

总量减排核算工作依据原环境保护部印发的《"十二五"主要污染物总量减排核算细则》执行。坚持日常督察与定期核查相结合、资料审核与现场抽查相结合的方式，以资料审核为基础，强化日常督察和现场核查。

日常督查的重点是：监管范围内治理工程减排项目（城市污水处理厂、企事业单位污染治理工程、燃煤电厂脱硫脱硝工程、非电企业脱硫脱硝工程）的建设和运行情况；结构调整减排项目（按照国家产业政策和有关规定取缔关停的企业、生产线、设施等）的实施情况；监督管理减排措施（主要是企业清洁生产方案、污染物排放稳定达标）的落实情况。

资料审核主要是对各省、自治区、直辖市提交的减排措施项目清单及其实施效果进行审查，并依据所提供的有关政府和环保部门批准文件、验收报告、试运行许可、自动监测和监督性监测等相关资料进行逐项审核，核实每个项目的实施情况及其实际削减量。现场抽查采用重点抽查为主，随机抽查为辅的方式进行。对资料审核中发现有问题的企业和项目进行重点抽查；其他减排措施采用随机抽查的方式。抽查结果作为确定监察系数的依据之一，与日常督查结果具有同等效力。

生态环境部各督查中心向生态环境部报送的主要污染物减排核查报告的内容包括：各省、自治区、直辖市主要污染物减排工作开展情况；污染物减排年度计划的制定及完成情况；实施治理工程减排项目、结构调整减排项目和监督管理减排措施情况及其主要污染物实际削减量的认定结果；污染物减排工作的总体评价、评估及结论。报告应对核查结果进行认真分析说明，并就下一步污染减排工作提出有针对性的意见和建议。

（3）与环境统计数据的关系

总量核查数据是基于环境统计数据、企业实际工况及在线监测基础上的综合性数据，其准确性相对较高。从总量核查的实践来看，减排基数主要以环境统计数据为准，总量核查不仅算清了"减量"，同时也对企业的实际排放状况进行了现场摸底，对环境统计制度的完善及统计水平的提高起到了促进作用。

（4）总量核查数据的不足

总量核查机制是在"十一五"特定时期下开展的一项工作，对落实"十一五"主要污染物总量减排目标起到了关键性的作用，但是总量核查机制存在的主要问题包括：一是环保部门每半年组织大量人力逐个核定全国每一个减排项目的减排量，投入的行政成本过高；二是核查的重点为减排企业，不能覆盖所有的企业，难以形成完整的数据体系。

3.1.2　污染源普查数据

（1）污染源普查简介

为全面掌握各类污染源的数量、行业和地区分布情况，了解主要污染物的产生、排放和处理情况，建立健全重点污染源档案、污染源信息数据库和环境统计平台，中国于2007年开展了第一次全国污染源普查工作。为顺利开展全国污染源普查工作，国务院相继颁布了《关于开展第一次全国污染源普查的通知》《国务院办公厅关于印发第一次全国污染源普查方案的通知》《全国污染源普查条例》3个重要文件，特别是《全国污染源普查条例》为污染源普查数据奠定了法律基础。

污染源普查的主要任务是：掌握各类污染源的数量、行业和地区分布情况，了解主要污染物的产生、排放和处理情况，建立健全重点污染源档案、污染源信息数据库和环境统计平台，为制定经济社会发展和环境保护政策、规划提供依据。

（2）污染源普查的主要内容

污染源普查的主要对象包括工业污染源（重点工业源、非重点工业源）、农业污染源、生活污染源、集中式污染治理设施四大类。工业源调查的主要内容包括：企业基本登记信息；燃料消耗情况；产品生产情况；产生污染的设施情况；各类污染物产生、治理、排放和综合利用情况；各类污染防治设施建设、运行情况等。

（3）污染源普查成果的应用

污染源普查信息数据库是环保系统内覆盖面最大，信息量最全的污染源信息系统，同时也是最具权威的数据之一，是污染源普查成果的集中体现。污染源普查成果已在我国环境保护"十二五"规划、环境统计、节能减排、环境监测等多个领域得到充分应用。

（4）普查数据的不足

污染源普查数据的更新周期较长，按照《全国污染源普查条例》全国污染源普查每 10 年进行 1 次。此外，污染源普查数据依然存在与环境统计数据相似的不足之处。

3.1.3　排污申报数据

（1）排污申报登记制度

排污申报登记制度是指向环境排放污染物的单位和个人，必须依据规定向所在地环境保护行政主管部门申报登记其拥有的污染物排放设施、处理设施和在正常作业条件下排放污染物的种类、数量和浓度，并提交有关污染防治技术资料的环境法律制度。排放大气污染物、水污染物、噪声、固体废物等均必须向环境保护行政主管部门申报登记。

排污申报的法律法规依据有《中华人民共和国环境保护法》《排污费征收使用管理条例》《排放污染物申报登记管理登记》等。

一般地，正常申报登记，排污者必须于每年 12 月 15 日前申报上年度实际排污情况及本年度正常作业条件下的排污情况；新建、扩建、改建申报登记，必须在该建设项目试生产前 3 个月内办理试生产期间的申报登记，竣工验收后 1 个月内办理正常申报登记；建筑施工申报登记，建制镇以及规划区范围内的建筑施工单位必须在开工前 15 天内办理申报登记；变更申报登记，当排污情况发生重大变更时，排污者应在变更、调整前 15 天内办理变更申报登记，当排污情况发生紧急重大变化时，应在改变后 3 天内办理变更申报。

（2）排污申报登记的主要内容

排污申报登记的主要内容如下。

1）排污者的基本情况　包括企业详细地址、法人代表、产值与利税、生产天数、缴纳排污费情况、新扩改建设项目、产品产量、原辅材料等情况。

2）生产工艺示意图。

3）用、排水情况　包括新鲜用水情况、循环用水情况、排水情况、污染物排放浓度与排放量、污染治理设施运行与处理情况等。

4）废气排污情况　包括生产工艺排污环节、工艺废气排放位置与污染物排放量、污染治理设施运行情况等；炉、窑、灶等燃料耗用量，污染物排放情况及污染治理设施运行情况等。

5）噪声排放情况　包括噪声源名称、位置、昼夜间噪声排放强度情况等。

6）固体废物产生、处置与排放情况　包括固废名称、产生量、处置量、处理量、排放量等。

3.1.4　排污收费数据

排污收费制度是国家对排放污染物的组织和个人（即污染者）实行征收排污费的一种制度，是贯彻"污染者负担"原则的一种形式。同时，排污收费也是控制污染的一项重要环境政策，它运用经济手段要求污染者承担污染对社会损害的责任，把外部不经济性内在化，以促进污染者积极治理污染。

根据《排污费征收使用管理条例》，排污费征收分为申报—审核—核定—征收四个阶段。排污申报数据是排污费征收的依据，但由于核算方式、填报目的的不同，排污收费数据与排污申报数据间又存在许多不一致的地方。

3.1.5　在线监测数据

（1）在线监测基本情况介绍

在线监测是指采用连续自动监测仪器进行连续的样品采集、处理、分析的过程，在国内外环境监测领域已被广泛使用。

"十一五"期间，依据国务院2007年发布的《主要污染物总量减排监测办法》，"国控重点污染源必须在2008年底前完成污染源自动监测设备的安装和验收；监测数据必须与省级政府环境保护主管部门联网，并直接传输上报国务院环境保护主管部门"。

进入"十二五"后，随着污染物总量控制因子的增加，《"十二五"主要污染物总量减排监测办法》进一步明确，"纳入国家重点监控企业名单的排污单位，应当安装或完善主要污染物自动监测设备，尤其要尽快安装氨氮和氮氧化物自动监测设备，并与环境保护主管部门联网。自动监测设备的监测数据应当逐级传输上报国务院环境保护主管部门。尚未安装自动监测设备的，或已安装自动监测设备但未配置氨氮、氮氧化物自动监测仪器的，应当在2013年底前完成自动监测设备的安装和验收。"

（2）在线监测主要内容

据统计，截至2013年，全国已有15559家重点污染源（大气、水等）实施了自动监控，建设了部、省、市三级上下联通、纵向延伸、横向共享的环保监控体系。

依据《水污染源在线监测系统安装技术规范（试行）》（HJ/T 353—2007）、《水污染源在线监测系统验收技术规范（试行）》（HJ/T 354—2007）、《水污染源在线监测系统运行与考核技术规范（试行）》（HJ/T 355—2007）、《水污染源在线监测系统数据有效性判别技术规范（试行）》（HJ/T 356—2007）、《固定污染源烟气排放连续监测技术规范（试行）》（HJ/T 75—2007）、《固定污染源烟气排放连续监测系统技术要求及检测方法（试行）》（HJ/T 76—2007）等，水污染源在线监测的内容有流量、温度、pH值、化学需氧量（COD_{Cr}）、总有机碳、氨氮、总磷等，烟气排放连续监测的内容有排气参数（含氧量等）、颗粒物、气态污染物（SO_2、NO_x等）。

3.2 现有污染源管理中存在的问题

为了深入了解现行污染源管理中存在的问题，经过调研发现，现行污染源管理中主要存在以下问题。

（1）多头管理，企业及基层工作者填报负担重

由于现行管理体制等原因，上述围绕污染源的几类数据，每个企业几乎每年都需要填报，填报的内容基本相似，增加了企业及基层工作者的工作量。

（2）数出多门，数据间衔接性差

目前，针对一个企业而言，存在着环境统计数据、排污申报（收费）数据、总量核查数据和污染源普查数据等多套数据。虽然每套数据的填报内容存在相同之处，但由于核算方法、填报依据、填报目的等不同，使得同一内容的各套数据之间存在差异，数据间衔接性较差。

（3）各成一库，各库数据难关联

在环保部门的几套数据库（污染源普查数据库、"十二五"环境统计数据库、排污申报数据库、排污收费数据库等）中，通过组织机构代码、企业名称等基本信息关联历年数据库间、同年不同数据库间的工作比较困难。

第4章
污染源名录库建立及污染源条码体系设计

4.1　污染源名录库及污染源条码制管理的提出

针对我国污染源管理中存在的多头管理、数据衔接性差等问题，我国曾尝试提出了"三表合一"、规范数据填报方式、加大管理部门衔接等诸多改进措施。但实际上，造成我国现有污染源管理中诸多问题的原因，除了管理问题外，从技术角度分析，主要是污染源数据缺乏一致性描述、数据流转方式科学性差、数据库系统数据访问交换接口不规范等，容易形成信息孤岛，加大了不同部门间数据比对、整合和深度分析的难度。因此，制定保证污染源共享交换的相关规范，构建全面的污染源管理体系，建立跨业务部门及国家、省市、区县统一共用的污染源名录库尤为重要。污染源名录库的建立不仅是环保部门制定和采取相关治理和监管措施的依据，也是企业单位及时调整产污、排污、治污战略的方向标。

管理污染源名录库有两个方案：一是单独设立污染源名录库管理的机构或岗位，负责污染源名录基本信息的采集、更新和维护；二是依托总量部门排污许可业务，开展全国污染源名录信息的管理。建立排污许可年审制度，在年审制度中涵盖污染源名录信息的审查、更新和维护。

条码技术目前已在商品、图书馆、物流等多种行业广泛使用。将条码技术引入环境管理，其目的就是想利用条码技术可靠准确标识物体、快速输入输出信息、与名录库结合灵活使用等特点，解决我国现有污染源管理中存在的部分技术问题。

在充分调研条码技术的发展与应用现状、环保领域现行管理制度与数据状况的基础上，采取建立污染源名录库并实施污染源信息条码化管理，有利于解决以下问题。

（1）通过污染源唯一标识，解决数据关联问题

污染源管理与普通商品、证件等的管理具有一定的相似性，首先需要唯一的、稳定不变的身份标识，才能为污染源信息的查询比对、多源融合、共享交换、跟踪追溯等深层需求提供服务。

根据条码技术在商品、物流、图书馆等领域的成功应用经验，条码作为同一物品的唯一标识，并服务于物品生成、流转、输送等全过程，是多种行业共享的通用数据。因此，对于某一污染源，将污染源有关信息条码化后，所生成的条码将是该污染源的唯一标识。围绕该污染源的所有业务共用条码信息，并通过条码信息有效关联，对于解决目前污染源管理中标识不统一，历年数据库间、同年不同数据库间的正确匹配起到极大的推动作用。

（2）通过基本信息条码化，实现信息高效传递

条码技术在海关及税务领域的应用就是利用条码技术实现简洁、高效的信息传递的充分体现。资料调查显示，对于键盘输入，一个每分钟打 90 个字的打字员 1.6s 可输入 12 个字符或字符串，而使用条码做同样的工作只需 0.3s，速度提高了 5 倍。同时，使用键盘输入平均每 300 个字符出现 1 个错误，而条码输入平均每 15000 个字符出现 1 个错误；如果加上校验条码输入的出错率是千万分之一。

因此，将污染源信息条码化后，不仅节约了填报信息所需的时间，而且可以避免

数据录入时的人为误差，提高填报数据的准确性。

此外，条码不仅可以存储项目的基本信息，还可以承载不同环节的信息及条码信息修改的轨迹信息，利用条码承载尽量多的、必要的核心信息是条码能够大范围应用的必要条件。

（3）通过条码网络入口，实现后台数据库关联调用

现阶段，我国各类污染源业务数据的查询及分析比对主要依靠人工输入污染源名称、法人代码、地址等进行，这种方式往往由于原始信息录入或者查询时的误差等，造成拟查询信息与查询结果不匹配的问题。而采用条码技术后，将条码作为互联网或数据资源的入口，通过扫码调用后台数据，就可以避免数据填报或者查询时人为因素造成的信息不匹配问题，提高查询效率，并更大程度地整合相关资源。

同时，实现现有数据库见资源整合，在此基础上进一步分析挖掘现有数据、管理、决策等存在的问题，为进一步的数据共享、数据公开提供支持。

（4）通过扫码，快速支持污染源现场管理工作

条码标签易于制作、对设备和材料没有特殊要求，识别设备操作容易，不需要特殊培训，且设备相对便宜。条码识别既可以作为一种识别手段单独使用，也可以和有关识别设备组成一个系统实现自动化识别，还可以和名录库关联起来实现自动化管理。

将条码化的污染源信息采用条码标签，或者电子标签的形式布置于污染源附近，在污染源总量减排核查、环境监察等现场调查工作中，工作人员可以通过手持终端，读取条码信息，或通过条码信息查看数据库信息等方式，实时地将已有数据与现场情况做出比较，直观地做出判断，起到辅助决策的功能。

4.2   污染源名录库建立

4.2.1   环保部门自建名录库方式

1）以第一次全国污染源普查结果和 2010 年污染源普查动态更新调查结果为来源进行构建，建立数据库。

2）根据所确定的污染源名录库信息字段，将第一次全国污染源普查及 2010 年动态更新后的数据按照污染源名录所需字段筛选导出信息进入污染源名录库。

3）以组织机构代码为线索，进一步将步骤2）中的污染源名录库与 2011 年后环境统计调查的结果进行比对更新，具体比对方法如下。

① 环统中存在而污染源名录库中不存在的污染源，将环统中存在的污染源相关字段信息作为新增源添加到污染源名录库中。

② 环统中存在并且污染源名录库中也存在的污染源，将环统中存在的污染源相关字段信息比对更新到污染源名录库中。

4）组织地方各级环保行政主管部门对污染源名录库中的信息进行核实。核实的污染源名录按污染源所在地逐级下发到各级环保行政主管部门。核实工作具体由县级环

保行政主管部门负责。核实内容包括：已有污染源名录信息是否有误、是否存在实际并不存在的污染源，是否有遗漏的污染源；同时，补充不完整的污染源名录字段信息。地级、省级环保行政主管部门负责污染源名录信息的复核和汇总，确认无误后向国家环保行政主管部门反馈核实结果。

5）基于污染源名录字段信息，通过软件程序对核实无误后的污染源名录库批量生成污染源代码，并生成污染源条码。

4.2.2　依托国家统计局建立名录库

了解国家统计局建设的全国性的统一名录库的情况，考虑可行的与国家统计局名录库的对接方案，并结合环保行业特点进行筛选和适当扩充来满足环境保护监管需求。建设步骤如下。

① 通过部门协调获取到统计部门的基本单位名录库，作为环保部门名录库建库基础。

② 利用环保部门相关数据对国家统计局基本单位名录库进行匹配和完善。

③ 在现有名录库基础上增加环保部门单位名录库中所需而基本单位名录库中没有的指标，形成环保部门统一的基本单位名录库。

④ 环保部门统一基本单位名录库基础库（来自统计部门）的维护工作由统计部门完成，环保部门扩充的信息由相关业务部门完成，环保系统内部使用该名录库时，应建立信息反馈机制，确保名录库更新质量。

⑤ 环保部门统一的基础名录库建好后，再根据统计业务需求，抽取部门信息，构建环境统计所需名录库，并形成相关的应用。

建立污染源名录库的核心技术问题是确定污染源名录库中的字段信息。在技术实现上、字段项可根据监管需要扩展或删减。污染源名录字段分为通用字段和专用字段两种类型。通用字段针对全部污染源，专用字段针对特定类别的污染源（特定类别指工业源、农业源、生活源、集中式污染物处理设施）。

1）污染源名录通用字段　污染源代码、单位名称、组织机构代码、单位地址、单位所在地行政区划代码和名称、法定代表人（或负责人）名称、法定代表人（或负责人）联系方式（固定电话、手机、传真）、国民经济行业分类代码、企业登记注册类型、污染源类别（工业源、农业源、生活源、集中式污染治理设施、其他）、地理位置（经纬度）、所属流域代码和名称、收纳水体代码和名称、国控源标志、污染源关停标志、污染源关停时间、污染源变更标志、污染源变更时间、污染源变更前的污染源代码。

2）污染源名录专用字段

① 工业源专用字段：产品代码和名称、企业规模、集团代码和名称。

② 集中式污染治理设施专用字段：设施类别（污水处理厂、垃圾处理厂、危废处理厂、医废处理厂）。

③ 农业源专用字段：养殖类别代码和名称。

4.3　污染源条码体系设计

　　条码是由编码和条形码共同组成的有机整体，其中编码是核心，标识其代表的物体；条形码与编码相对应，是编码信息的载体。污染源条码制管理实际上是基于条码技术的污染源管理，其核心是按照一定的规则对污染源进行编码，并生成条码，然后将此条码作为污染源唯一标识、报表管理及数据库管理等的有效手段。因此，污染源条码体系设计归根结底是编码体系的设计。

4.3.1　编码体系基本框架

　　根据污染源条码制拟解决的问题，综合考虑环境管理现状等，设计污染源条码化管理系统中编码体系框架如图4-1所示。

　　总体上，污染源编码体系设计应面向三个层面，即企业层面、设备层面、表单层面。企业层面可以包括企业唯一标识码、企业属性信息编码；设备层面包括产污设备唯一编码、治污设备唯一编码和排放口唯一编码，及设备信息、治污设备信息和排污口信息；表单层面主要是针对表格内容的条码化，满足数据自动化传递的需求。

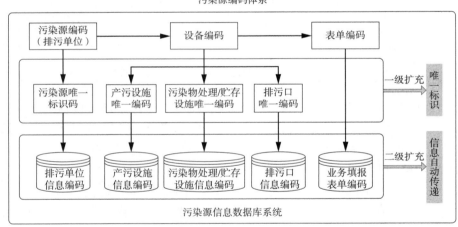

图4-1　污染源条码体系框架

4.3.2　污染源（排污单位）唯一标识码

　　污染源（排污单位）唯一标识码，顾名思义，其主要目的是使用数字代码唯一表示某一企业，以方便与企业有关信息的快速识别、查找、填报等。企业唯一标识码可以是有含义的特征码，也可以是无含义的数字码，具体的编码方案应结合现有管理情况确定。

　　▶4.3.2.1　现有污染源管理数据中污染源（排污单位）唯一识别码使用现状

　　根据前期调研，围绕污染源的六类数据中，全口径减排核算、排污申报、排污许可依靠法人代码唯一标识；环境统计、污染源普查及排污申报利用组织机构代码唯一标识；在线监测数据则使用数字地址码 + 顺序码的方式唯一标识。现有污染源管理数据中唯一识别码使用情况如表 4-1 所列。

表 4-1　现有污染源管理数据中企业唯一识别码使用情况

业务类别	企业唯一标识码
环境统计	组织机构代码
污染源普查	组织机构代码
全口径减排核算	法人代码（组织机构代码）
排污申报	法人代码（组织机构代码）
排污许可	法人代码（组织机构代码）
在线监测	数字地址码 + 顺序码

从表 4-1 可以看出，在现有污染源管理数据中，企业唯一识别码主要依托组织机构代码。为了实现与现有数据库的关联，这就要求条码系统中污染源唯一标识码必须与组织机构代码有关。在唯一标识码确定之前，首先需了解组织机构代码基本情况。

▶ 4. 3. 2. 2　组织机构代码

（1）组织机构代码的由来

组织机构代码是向我国境内依法注册、依法登记的每一个企业、事业、机关、社会团体及其他合法组织颁发的，在全国范围内唯一的、始终不变的法定代码标识。

组织机构代码标识制度是在计划经济向市场经济转变之时，按照党中央、国务院的要求，于 1989 年由原国家技术监督局、国家计委、国家科委、财政部、人事部、民政部、国家统计局、工商行政管理局、税务局、国家信息中心十个部门共同建立的。《国务院批转国家技术监督局等部门关于建立企事业单位和社会团体统一代码标识制度报告的通知》（国发〔1989〕75 号）明确指出："建立机关、企事业和社会团体统一代码标识制度是国家发挥监督管理体系整体效能，强化管理的一项改革。"随后在全国范围内便实现了对所有依法成立机构赋码的大统一。

（2）组织机构代码的特性

组织机构代码从一开始就采用国际标准《数据交换标识法的结构》（ISO 6523）和国家强制性标准《全国组织机构代码编制规则》（GB 11714）进行编制，其统一编码规则如图 4-2 所示。

图 4-2　组织机构代码编制规则

该编制规则，借鉴了国际编码的主流做法，充分在标准性、通用性、稳定性、共享性等特点的基础上，进一步考虑了兼容性的问题。其中 8 位顺序码是"无含义"码，主要是为"屏蔽"机构性质、业务范围和其他属性信息变更等所带来的变化，从而确保代码的唯一性和终身不变性。这种编码非常适合人们针对海量信息的持续处理、统计分析与长期保存的需要。

组织机构代码编码规则具有以下几个特性。

1）唯一性　在全国范围内，每一个组织机构只拥有一个组织机构代码作为该组织机构的唯一标识，每一个组织机构代码也只允许被赋予一个组织机构。该特征确保了社会活动主体不会被混淆，这是建立我国"单位实名制"的基础，便于实现社会管理的高效率和准确性。

2）终身不变性　如一个代码已经颁发给某个组织机构，该代码就伴随这个组织机构从产生到消亡的全过程，只要这个机构合法地存在 1 天该代码就存在 1 天，不会发生任何变更。

3）统一性　组织机构代码具有鲜明的整体性特点，组织机构代码在编制上有统一的国家标准。代码工作的方针政策、规章制度、规划计划、方法步骤等方面都遵循"全国一盘棋"的原则，更好地为国家整体的信息化事业服务，为社会信用体系建设服务。

4）共享性　组织机构代码的诞生就是为了实现信息共享，组织机构代码的价值就在于为政府监管和全社会提供应用，目前组织机构代码以及其信息已广泛应用在中国人民银行、社会保障、财政和公检法等 34 个政府部门，并且基金委、知识产权局、高法等多个政府应用部门在下一期的信息系统规划中也都将组织机构代码作为搭建系统的关键字之一，以强化政府管理，简化行政手续，节约管理成本。

5）开放性　组织机构代码具有很强的开放性，目前已建立了广泛支持各领域社会管理、金融管理层面的信息共享机制，是信息化建设中国家重要信息系统管理的主体识别标识。

不仅如此，组织机构代码本身还由于码段短的特点很容易直接应用在其他政府部门内部的编码体系中，例如税务总局直接将组织机构代码号嵌入其主体标识编码体系之中，把其作为税务登记号的组成部分，即在 9 位组织机构代码号的基础上加上 6 位数的前缀（即 6 位数的行政区划编码）；环境保护部（现生态环境部）的污染源代码则是在 9 位代码号的基础上加上 3 位数的后缀（3 位后缀顺序码表示对同一组织机构代码的不同污染源赋码对象编定的顺序号）。无论是加前缀或后缀，都能方便地按自身需求对监管对象进行二度编码，以便对其进行科学有效的管理。

（3）组织机构代码库的生成、更新与维护

组织机构代码的生成、更新与维护由国家质检总局下设的全国组织机构代码管理中心统一组织、协调和实施。目前，全国有 46 个省市级代码分支机构和近 2700 个县以上代码受理工作机构，约 10000 名工作人员参与组织代码数据库的更新维护。根据《组织机构代码管理办法》，各级质量技术监督部门对组织机构代码登记信息有效性等进行年度验证，确保组织机构代码的唯一性和相关信息数据的准确性、时效性。组织机构代码年检采取滚动制，组织机构在领取新证、换证或年检满一年后，应按照代码证书上载明的年检日期当月，前往发证机关办理年检手续。对于逾期未年检的，按照规定予以一定额度的罚款。

组织机构代码数据的审核实行省级统一集中上报，每日动态更新，目前已经形成了全国 2300 多万家单位基本信息的"全国组织机构代码共享平台"，通过全国组织机构代码共享平台，可以查询到后台数据库中存储的机构代码、机构名称、经营范围、行政区划等 33 项内容，共享平台查询信息如表 4-2 所列。

表 4-2　全国组织机构代码共享平台查询信息图

机构代码：	40000 × × × ×		
机构名称：	全国组织机构 × × × × × ×		
经营范围：	为国家信息化建设提供组织机构代码相关服务，× × ×		
行政区划：	北京市西城区	行政区域编码：	110102
机构地址：	× × 路 × × 号		
法定代表人姓名：	× ×	证件号码：	× × × × × × × ×
旧经济行业：	综合技术服务业	新经济行业（仅供参考）：	
经济类型：	国有经济	机构类型：	事业法人
注册日期：	1993-03-16	注册号：	事证第 110000004966 号
邮政编码：	100029	电话号码：	
办证日期：	2008-04-08	作废日期：	2009-03-31
注册资金：	× × × （万元）	货币种类：	人民币元
年检日期：		职工人数：	× ×
批准文号：		年检期限：	2009-04-09
主管机构代码：	000019449	批准日期：	
主管机构名称：	中华人民共和国国家质量监督检验检疫总局	批准机构代码：	710924056
办证机构代码：	100000	批准机构名称：	国家事业单位等级管理局
办证机构名称：			
变更日期：	2008 – 11 – 05	外方投资国别或地区	

作为组织机构代码的应用之一，也是为了解决污染源唯一标识的问题，国家环境保护部于 2011 年 3 月 7 日发布了《污染源编码规则（试行）》（HJ 608—2011），并于 2012 年 6 月 1 日起正式实施。

▶ 4.3.2.3　统一社会信用代码

2015 年，《法人和其他组织统一社会信用代码编码规则》（GB 32100—2015）由中华人民共和国国家质量监督检验检疫总局和中国国家标准化管理委员会发布，自 2015 年 10 月 1 日起实施。2016 年 4 月，国家标准化管理委员会批准《法人和其他组织统一社会信用代码编码规则》（GB 32100—2015）国家标准第 1 号修改单，对原标准部分内容进行了修改，修改单自 2016 年 4 月 18 日起实施。

法人和其他组织统一社会信用代码设计为 18 位，由登记管理部门代码、机构类别代码、登记管理机关行政区划码、主体标识码（组织机构代码）、校验码五个部分组成。

统一社会信用代码示意见表4-3。

表4-3　统一社会信用代码示意

代码序号	1	2	3	4	5	6	7	8	9	10	11	12	13	14	15	16	17	18
代码	X	X	X	X	X	X	X	X	X	X	X	X	X	X	X	X	X	X
说明	登记管理部门代码1位	机构类别代码1位	登记管理机关行政区划码6位						主体标识码（组织机构代码）9位									校验码1位

▶4.3.2.4　《污染源编码规则（试行）》

（1）《污染源编码规则（试行）》特点。

《污染源编码规则（试行）》（HJ 608—2011）中提出，污染源编码的赋码对象为对环境污染源负有或承担管理责任的企业、组织或机构。

污染源代码用于唯一标识某一环境污染源实体，无任何其他意义。

污染源编码在结构上分为A类码和B类码。

A类码对于具有独立法人资格的法人单位及二级单位，由12位码进行标志，结构为9位组织机构代码＋3位数字顺序码。

B类码对于尚未领取组织机构代码或不属于法定赋码范围的单位，由12位码进行标志，结构为6位数字地址码＋5位数字顺序码＋1位英文字母顺序码。

B类编码范围的污染源具备A类编码条件后，应按照A类编码原则重新赋码。

（2）污染源代码的生成、变更

根据《关于印发〈环境信息系统运行管理维护技术规定〉等十六项技术规定的通知》（环办〔2012〕92号）附件六 污染源编码–污染源代码，污染源代码通过全国污染源编码信息管理系统进行统一管理维护。全国污染源编码信息管理系统采取集中式部署，各级环境保护主管部门通过网络访问全国污染源编码信息管理系统，实现污染源代码的统一申请和发放。

污染源实体发生新增、变更或注销等变化时，必须按照污染源代码变更维护规则进行污染源代码的申领、变更和注销。

目前，"全国污染源编码信息管理系统"已在环境保护部（现生态环境部）信息中心建成，并以第一次全国污染源普查数据为基础，生成了国控污染源（2010年度）代码表，其他污染源代码以数据库形式存储。下一步，将同步组织机构代码中心最新组织机构基本信息，建立污染源基本档案，实现污染源编码信息管理系统的同步更新，满足环保业务系统统一查询。

（3）污染源代码的应用

根据《国家环境信息与统计能力建设项目——减排综合数据库平台技术规范》（环信发〔2012〕26 号）附件三 污染源代码应用规定，污染源代码使用的业务系统有减排综合数据库平台、减排数据管理与综合分析系统、环境统计业务系统、建设项目管理系统、污染源监督性监测管理系统、国家重点监控企业污染源自动监控系统、排污申报管理系统、排污收费系统、国家重点监控企业公众监督与现场执法管理系统等。

（4）污染源代码的使用现状

目前，全国污染源编码信息管理系统已通过环保专网布设，并在系统中生成了国控污染源（2010 年度）代码表，下一步将在国控重点源监测数据库中开展应用。

▶ 4.3.2.5　固定污染源编码方案

综合考虑以上分析，确定污染源编码体系中唯一标识码必须与法人和其他组织统一社会信用代码建立关联，才能满足业务衔接的需要。

4.3.3　产污设备/设施唯一编码

产污设备/设施是指排污单位中直接或间接产生和排放污染物的主要设备/设施。例如，锅炉、工业炉窑、纸浆、造纸、水泥生产线等。对其进行唯一性编码，可以保证全国任意排污企业中的任何一套产污设备/设施编号全国唯一，并且可以用这个编号关联设备/设施的基本特征信息（如规模、容量、投产时间等）。

4.3.4　污染物处理/贮存设施唯一编码

污染物处理/贮存设施是指排污单位内部建设使用的大气污染物处理设施、工业废水处理设施、生活污水处理设施、畜禽养殖贮存处理设施。污染物处理设施编码的设计目的在于监督排污单位污染物处理设施建设和运行的状况。主要可用于减排核查核算、环境统计等业务。

4.3.5　排污口唯一编码

排污口是指排污单位中有组织的废气排放口、废水排放口、固废排放口和噪声排放源。对其进行唯一编码在排污申报、污染源监测、排污许可证等环境监管业务中有应用需求。通过这个全国唯一的排污口编号关联排放口基本信息档案，可以更高效地实现对排放口基本信息和数据的管理和共享。在排污口标志牌中还可以引入二维条码技术，在标志牌中印上含有企业排污口编号信息的二维条码图案，即可以通过扫描二维条码与远程数据库通信，实现排污口及排污单位信息的快速获取，有助于提高现场环保执法和监督工作的效率。

4.3.6　业务填报表单编码

对业务填报表单编码，其目的是利用条码技术实现高效、快速的信息交换。以下以环境统计业务为例，试着说明基层填报者和县（区）环境统计部门之间信息交换的工作流程，其他环节的信息交换依此类推。

① 由环境统计主管部门编制相应的包含条码生成功能的应用程序，放置在 Internet 上，企业可以随时免费从网上下载应用软件，或到各地环保部门申领。

② 环境统计填报企业在计算机上运行该应用软件，按照一定格式将申报表填写好，并由计算机进行自动逻辑审核。

③ 利用软件中的条码生成按钮，将计算机审核过的报表生成条码符号，采用普通 A4 纸，将带有条码的报表在打印机上输出。

④ 环境统计填报企业将带有条码的报表直接送地方环保部门，或通过邮局发往地方环保部门信箱。

⑤ 地方环保部门采用二维码识读设备读取条码中的内容进入计算机中，完成环境统计报表信息的提交和汇总。

具体的业务表单内容的编码方案，在《污染源条码制统一编码规范体系》中详细研究。但考虑到环境统计等环境领域业务数据，存在多次数据审核、数据修改的要求，致使业务表单条码化方案存在很多使用上的限制，因此目前重点考虑该方案在技术上的可行性研究，具体应用可在管理需要时做详细分析。

4.4　污染源名录库的初始化及日常管理

4.4.1　污染源名录库的初始化

污染源名录库的构建主要是名录库中字段信息的确定，包括通用字段与专用字段两种类型。通用字段针对全部污染源，专用字段针对特定类别的污染源（特定类别指工业源、农业源、生活源、集中式污染物处理设施）。

4.4.2　污染源名录库的日常管理

（1）新增污染源

新建项目正式生产后成为新增污染源，取得排污许可证时在污染源名录库中进行新增登记。

（2）污染源变更

改扩建项目属于污染源变更情况的范畴，取得污染源排污许可证时，需根据污染源责任主体基本信息的变化情况及新的排污情况对污染源名录库中的信息重新核实，并根据实际情况对污染源名录库的信息进行变更。

污染源责任主体并购重组同属污染源变更情况，应根据具体情况对污染源名录库中的信息进行变更。

（3）关停污染源

污染源被关停或污染源责任主体破产，需在 1 个月内在污染源名录库中进行注销。注销并不删除污染源名录信息，而是在污染源名录库中做关停信息标注。

上述新增登记、变更更新、注销登记的具体工作均由县级环保主管部门负责，并且需经过地级和省级环保部门审核后上报到原环境保护部才有效。

4.5　污染源条码的初始化及日常管理

4.5.1　污染源条码的初始化

污染源名录库建立后，通过软件程序对核实无误的污染源名录库批量生成污染源代码，并生成污染源条码。污染源编码体系包括企业编码、设备编码、表单编码三个层面，其中表单编码主要是满足数据自动化交互的需求，其条码的生成是依据选定的码制，根据填报的信息直接生成，不存在初始化的问题，因此以下主要介绍企业编码及设备编码的初始化及日常管理。

根据污染源编码体系设计原则、编码规则及现有工作基础等，确定条码体系中企业编码初始化及日常管理依托"全国污染源编码信息管理系统"进行，可以环境统计名录库为基础，开始企业编码的条码初始化，具体流程如图 4-3 所示。

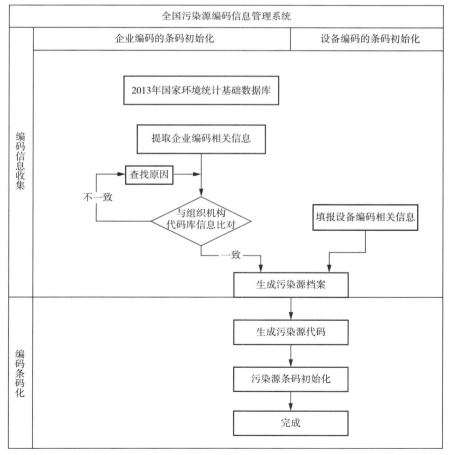

图 4-3　企业编码的条码初始化流程

① 获取2013年国家环境统计基础数据库，根据企业唯一标识码及企业基本信息编码规则，提取相关信息。

② 将提取的企业信息与组织机构代码库信息进行匹配，匹配完成后，在全国污染源编码管理信息系统中建立企业信息档案。

③ 由企业填报设备编码相关信息，生成设备档案。

④ 依据生成的污染源档案（企业信息档案 + 设备档案），按照编码规则，生成污染源信息代码。

⑤ 按照选定的码制，完成条码的初始化，形成企业条码库。

4.5.2 污染源条码的日常管理

条码的日常管理采用全国统一的管理方式，即由原环境保护部信息中心或"全国污染源编码信息管理系统"的日常管理单位统一审核，并通过专网推送使用。

4.5.2.1 新增企业的污染源条码管理

新增企业的污染源条码管理如图4-4所示。

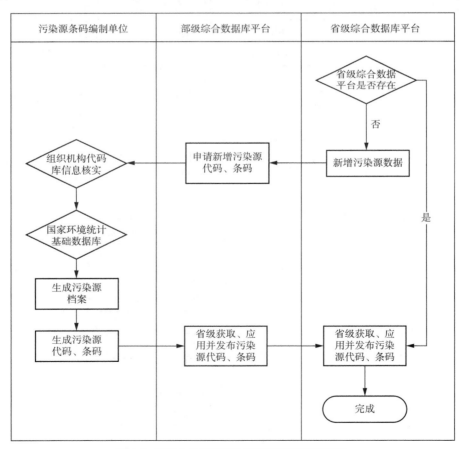

图4-4　新增企业的污染源条码管理日常管理流程

①省级数据库平台进行污染源信息管理及应用时，首先进行信息核实，判断该企业是否存在于省级数据库平台中，如果存在，则沿用已有污染源代码及条码；如果该企业在省级数据库平台不存在，则该企业需要新增污染源信息。

②部级综合数据库平台获取此新出现的污染源信息后，提交组织机构代码库核实。

③组织机构代码库核实无误后，污染源代码编制单位根据企业填报污染源信息，生成污染源档案，然后按照编码规则生成污染源信息代码，并生成污染源条码。

④由部级综合数据库将污染源条码推送至省级综合数据库平台进行应用，在使用中完善污染源条码数据库内容。

▶ 4.5.2.2　变更企业的污染源条码管理

（1）组织机构代码变更

企业组织机构代码发生变更，经过组织机构代码库校验无误后，生成新的污染源条码，综合数据库平台对该企业建立新的污染源档案，并使用新的污染源条码，综合数据库平台通过数据整合，将其与组织机构代码变更前该企业的污染源代码进行关联。

（2）企业基本信息变更

在信息核实过程中发现企业除组织机构代码外的企业基本信息与综合数据库平台中存储的企业信息发生变化时，综合数据库平台获取核实信息后，建立新的污染源档案，并使用新的污染源条码，综合数据库平台通过数据整合，将其与信息变更前该企业的污染源代码进行关联。

（3）设备信息变更

在信息核实过程中发现除企业信息（组织机构代码＋企业基本信息）外的设备信息发生变更后，综合数据库平台获取核实信息后，建立新的污染源档案，并使用新的污染源条码，综合数据库平台通过数据整合，将其与信息变更前该企业的污染源代码进行关联。

4.5.3　污染源条码体系的日常管理制度

制定《污染源条码证管理制度》，采用发放污染源条码证及基本信息年度报告制度的方式对污染源条码进行管理。

（1）污染源条码证

为规范污染源管理，建议依托污染源条码系统，对污染源发放污染源条码证。

污染源条码证的申领主体为在环境保护行政管理机关登记管理的所有环境污染源实体，特指对环境污染源负有或承担管理责任的企业、组织或机构。

污染源条码证由企业标识条码、企业基本信息条码、产污设备条码、治污设备条码及污染源排口条码共同组成；其中任何一个条码所载信息发生变更都应及时到污染源条码证管理单位申请变更。

（2）污染源条码证基本信息年度报告制度

对污染源条码证实行基本信息年度报告制度，凡污染源条码证书所载内容发生变更的，应按照规定及时办理条码证换证手续；凡证书所载内容未发生变更的，应在规定的时间内向污染源条码证管理单位提交污染源条码证基本信息年度报告。

（3）污染源条码证的日常管理

污染源条码证的日常管理主要包括条码证新增和条码证信息变更，具体的管理办法参见4.5.2部分相关内容。

（4）污染源条码证的应用

污染源条码证的应用大体上可以分为离线和在线两种应用情况。

① 离线状态下，污染源条码证的主要用途为扫码查看信息，例如可在企业门口、产污/治污设备周边、污染源排口附近等地方设置条码标志牌，方便管理人员及公众快速了解相关基本信息。

② 在线状态下，污染源条码证一方面可以发挥扫码查看信息的作用；另一方面还可以作为网络及数据库的入口、信息传递的载体、APP 对接身份识别等，发挥更强大的功能。例如在线状态下，可以通过扫码填报信息、扫码查询数据库、扫码下载程序等。

第5章

污染源条码体系管理系统设计

5.1　设计的主要任务

污染源条码体系管理系统主要利用条形码技术实现对不同污染源的排污企业、生产产品、生产设备、污染源处理设施等进行有效、统一的系统化、现代化管理；同时通过利用扫码技术，实现在无网络的情况下可以通过条码技术查看排污单位的基础信息，而在有网络情况下，可以通过条码调用后台信息，查看排污单位的详细信息等。

本系统主要由以下几个子系统组成。

（1）污染源编码系统

利用商定编码规则，结合排污单位的基本信息、产污信息、污染处理设施信息等生成相应多用途的二维码。

（2）污染源信息采集系统

对污染源的基本信息，提供信息采集、维护、删除等功能。

（3）污染源条码查询与展示系统

通过条码调用向公众和环保领域人员展示二维码信息以及排污单位的信息等。

（4）条码制统计管理系统

实现对排污单位代码证的申请、变更、维护管理，并实现与相关系统对接。

5.2　总体架构设计

污染源条码体系管理系统采用多层架构，数据采集层按照目前所遵循的传输协议，可以通过多种固定或移动网络，如 ADSL、GPRS/CDMA 网络，将信息实时传输到平台的数据中心。总体架构主要分为系统支撑层、数据整合层、数据共享层、数据应用层以及数据展示层。如图 5-1 所示。

系统支撑层主要包括数据海和计算云两个部分，其中数据海主要采用 Torm 对象化方式表达数据，结合计算云中的平台作为整个系统的业务数据存储系统。时空可视交互系统和智能计算支撑平台通过关系数据库将空间数据建立起来，并建立空间数据库和空间数据模型；这三块作为跟业务无关的数据存储中间层，对上层提供数据的存储，数据类型的扩展服务功能，形成数据中心的数据访问引擎（EPDataEngine）。

系统支撑层之上主要承载系统业务的核心服务，应用计算云功能，如数据整合、共享交换平台、时空可视交互系统等，基于 WebService 标准协议进行应用服务开发，通过适配器将各个业务服务进行接入。

系统数据展示层的开发采用 B/S 的方式进行，将可能存在变化的模块流程都提升到应用系统来实现，保证各个中间层的稳定性。应用 Portal 将各个应用系统的 Portlet 统一管理起来，采用访问管理进行权限认证以及单点登录认证，采用联邦的方式提供一站式登录服务认证。

　　从系统整体来看，由下到上是一个一般到特殊、通用到专用的过程，这样的结构将面向对象的设计过程应用到内核一级；各个层之间的交互全部通过标准接口进行交互，开发包采用对象化的方式提供，使得开发应用更快，更安全，更稳定。

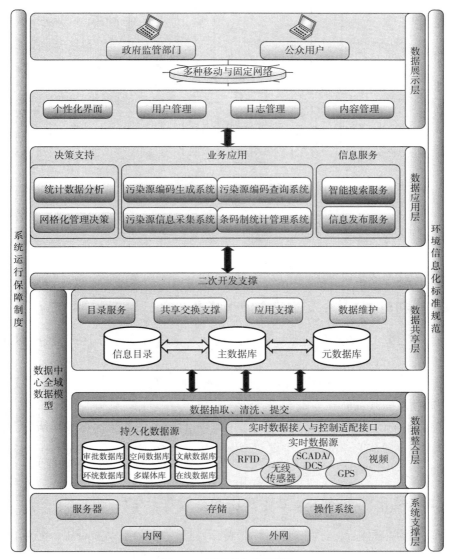

图 5-1　系统总体架构设计图

5.3　功能架构设计

　　本系统主要由污染源编码系统、污染源信息采集系统、污染源条码查询与展示系统和条码制统计管理系统共同构成，各个子系统的功能共同构成目标系统的所有功能体系。系统功能架构具体如图 5-2 所示。

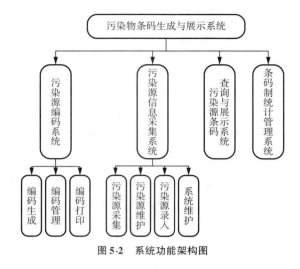

图 5-2   系统功能架构图

5.4   技术架构设计

本系统的技术架构设计主要从以下几点出发。

5.4.1   利用 J2EE 框架进行企业级开发

1）充分利用既有信息化成果   以渐进的技术演进方式充分有效利用既有信息化成果。

2）缩短新系统的开发周期   讲求实效，缩短项目上线时间的方法之一就是选择便于应用快速开发的开发框架，如 J2EE 框架。

3）提高系统的可伸缩性，增强可维护性   同时也提供广泛的负载均衡策略，消除系统中的性能瓶颈及单点故障，需要允许多台服务器集成部署、协同工作，满足环境监测中心的业务应用需要和变化。

5.4.2   利用 WebService 技术实现业务与数据交互

结合系统的业务特点，为实现业务集成等目标，拟采用 WebService 技术。该技术可使应用程序使用与平台无关、和编程语言无关的方式进行相互通信。该技术使用基于 XML 语言的协议来描述要执行的操作或者需要交换的数据。WebServices 在业务集成上有如下特点：a. 基于工业标准，尽量减少在异构环境之间对私有适配器和连接器的需要；b. 松散的耦合，即请求不必针对特定应用的 API；c. 异步执行方式，使得在等待第一个应用的响应时可以执行第二个应用；d. 可靠性，保证消息被投递一次且仅仅一次；e. 安全性，自带鉴别、授权标准以保护被交换信息的完整性。

5.4.3　采用 MVC 设计模式，实现系统开发架构分层，易于维护

MVC 设计模式将应用程序分为模型 Model、视图 View 和控制器 Controller 3 个部分。其中模型组件负责业务逻辑模型的实现；视图组件负责表示业务范围的视图，用于提供模型的表示方式，是应用程序与用户交互的接口；控制器组件负责控制用户输入的流。

5.5　网络架构设计

整个系统的网络架构如图 5-3 所示。

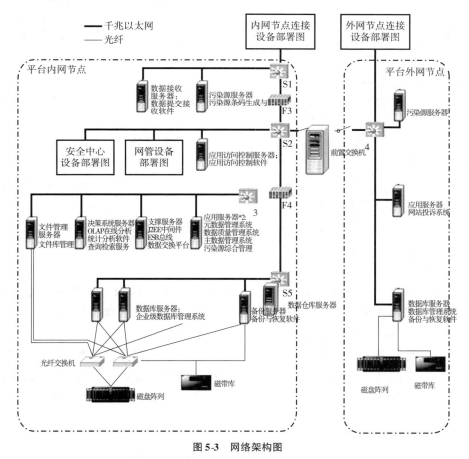

图 5-3　网络架构图

5.6　数据架构设计

业务数据主要由影响环境数据集、业务管理数据集、支撑数据集共同构成。如图 5-4 所示。

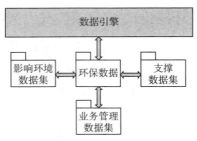

图 5-4   业务数据构成图

（1）环境影响数据集

集中式污染源、危险源根据污染源对环境的影响类型，包括大气污染源、地表水环境污染源、地下水环境污染源、土壤环境污染源、声环境污染源、振动环境污染源、放射性环境污染源、电磁环境污染源等。污染防治对象主要包括污水处理厂，垃圾、固废、医疗废物处理机构等。危险源分类主要依据危险源产生危害的类型，例如毒气危险源、爆炸危险源等。

（2）业务管理数据集

业务管理数据集主要记录业务办公过程中产生的信息。业务管理数据集主要包括污染源管理、生态环境管理和事件处理三部分。

1）污染源管理   分为新建中污染源管理和建成污染源管理，将涉及污染源管理业务的数据分别归类。

2）生态环境管理   分生态管理和环境管理两大类，主要维护目前环保业务中关于生态环境的管理过程和处理信息。

3）事件处理   将环保管理中发生的问题进行统一管理，包括一般的信访投诉、环境污染事故处理等相关业务信息。

（3）支撑数据集

支撑数据集主要包括引用信息库、用户权限数据库，以及其他架构支撑数据等。引用信息库主要参考现有的信息组织和编码，按照分类的方式建立若干信息库。用户权限数据库是功能性支撑数据集，主要支持权限管理功能的实现。

各个数据集内部采用对象化的继承关系组织，环保数据将多源数据采用关联关系进行组织，这样的组织方式既能保证数据集内部的相对独立性，同时也能将数据联系起来，后期将通过一些具体的设计手段来将数据之间的关联屏蔽起来，在保证基础数据稳定的基础上完成各个应用系统的支持。

5.7   总体性能设计

本系统集成框架主要应用面向服务的架构，通过开发相应的适配器，将 Web Service 以及现有的基于 java 的应用系统改造成 SOA 体系中的一部分；公共服务是系统的核心部分，将按照多层次的服务体系进行设计开发，为上层应用系统提供各种粒度的服务。

　　设计的系统要求在网络稳定的环境下系统页面响应时间小于 2s。WEB 应用程序最大不应超过 8s。10 万条数据的简单查询及统计不超过 10s，百万条数据的查询及统计不超过 20s。复杂跨模块查询及统计不超过 1min。支持不少于 2000 个并发连接。支持年数据量为 500 万记录数、50GB 字节的数据量。系统可用性应达到 99%。平均故障修复时间 <30min。

5.8　系统功能设计

5.8.1　污染源编码系统

　　依据排污单位申报的相关信息，对排污单位、产污设备、污染物处理设施等进行编码。可根据对象类型的不同，搜索不同的生成编码，以列表方式展现，方便对不同对象的编码进行维护。如图 5-5 所示。

图 5-5　功能原型图 1

　　根据编码规则，结合排污单位信息自动生成多用途的二维码。选择不同的排污单位自动生成，并提供对数据编码的打印功能，如图 5-6 所示。

图 5-6　功能原型图 2

5.8.2　污染源信息采集系统

污染源信息采集系统主要有污染源数据的采集、维护、缺失补录以及相关人员的维护等功能。数据源的采集，主要是对现有数据库（原环境统计历史数据库的一个调用），调用以污染源排污单位列表的形式展示。如图 5-7 所示。

图 5-7　功能原型图 3

在相近的列表中，对污染源进行修改和删除。对缺失的污染源数据进行补录，以及对组织机构人员的维护管理。如图 5-8 所示。

图 5-8　功能原型图 4

5.8.3　查询与展示系统

在无网络的情况下，移动端能够展示二维码包含的基础文本信息。而连上网络，可通过该条码调用系统查询排污单位的更多信息进行展示，同时依据调用用户不同，根据权限给予不同的信息展示，权限主要区分为公众展示和环保领域人员展示。图 5-9 为 PC 机网页版展示。

5.8.4　条码制统计管理系统

条码制统计管理系统主要有代码证的申请、审批、证书生成与查询、打印以及排

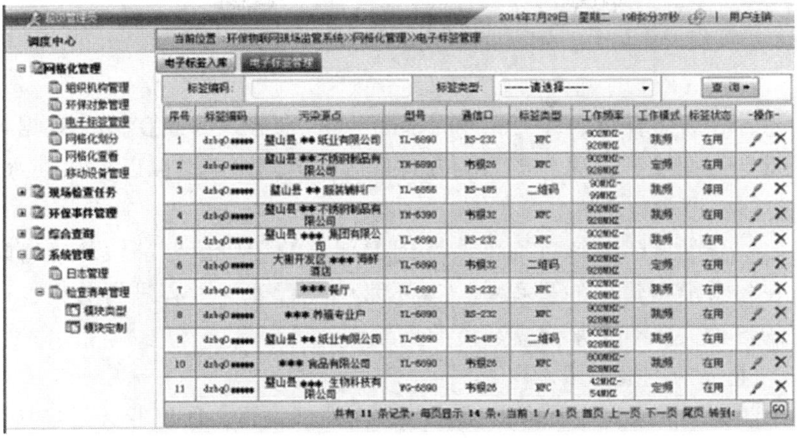

图 5-9　功能原型图 5

污单位的管理几大主要功能。

（1）代码证的申请

排污单位对于代码证分新录入、变更以及注销，配合相关资料作出申请。

（2）代码证审批

环保工作人员针对排污单位新录入、变更以及注销的申请进行审批。

（3）证书生成与查询

环保人员对于排污单位审批通过之后，给予生成代码证，并提供查询功能。

（4）证书的打印

对于新生成的代码证书给予打印功能。

（5）排污单位管理

对于排污单位数据运用统一数据源，提供排污单位的注销功能（功能与污染源采集系统中污染源管理功能有所类似）。

如图 5-10 所示。

图 5-10　功能原型图 6

5.9   数据库设计

环境信息存在着多样性、多变性和不断扩展的趋势，因此在设计数据模型的时候需要采用抓重点数据模型，逐步扩张的方式建立，数据库建设以以下几点为原则。

（1）环境管理为中心

在对环境信息的调研了解过程中，发现大部分的环境信息都跟环境管理有着一些联系，因此在整个模型建立的过程中，需要以环境管理为中心进行分析，通过分析基于环境管理的各种关联对象来建立环境数据模型。

（2）环保业务为主线

环保各个业务的需求对应着数据模型和数据处理流程，环境业务是连接数据与数据之间关系的一条纽带，因此通过分析环境业务及其流程在处理过程中数据的变迁来建立数据模型。

（3）面向对象的环境信息表达方式

数据模型的设计将环境信息通过对象化的思路表达出来，通过将环境对象的属性、关联等信息使用面向对象的分析方法进行抽象。

（4）标准规范为基础

数据模型的建立是为了更好地实现数据共享、数据管理和数据分类，因此在建立模型的过程中必须以相关标准规范为基础。

（5）逐步扩张的数据模型

首先定义最重要的核心概念结构，然后向外扩充，以滚雪球的方式逐步生成其他概念结构，直至总体概念结构。

（6）多源数据紧密结合

将监测数据、污染源数据以及环境数据紧密结合，建立合理的环境数据体系。

图 5-11 以概括性的图例展示各个数据集中的数据模型设计。

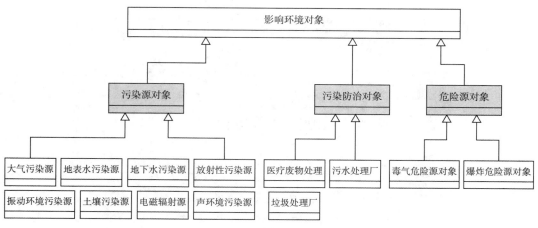

（a）

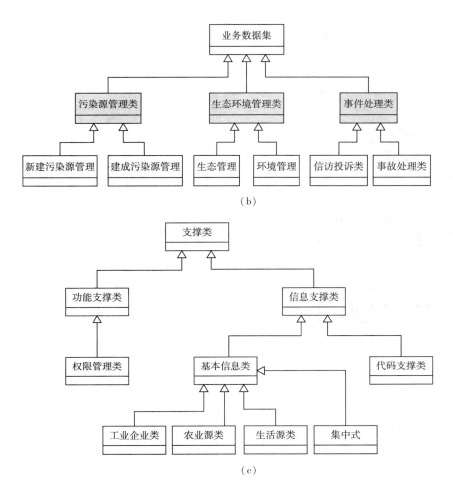

图 5-11　数据模型设计图

第6章

污染源条码编码规则
和扩充规则

6.1　已有相关编码现状分析

6.1.1　与污染源相关的国家标准和环境行业标准

随着我国环境保护事业的发展，为了进一步促进环境效益、经济效益和社会效益的统一，国家需要正确评估我国环境污染状况，这就迫切需要我们建立一套符合现代化管理需要的环境保护标准体系。政府宏观管理的过程中，需要掌握大量的、准确的资料才能制定出行之有效的方针政策和社会管理制度，而相关编码标准的制订为建设国家级污染源基础数据库提供了统一的标准保障。目前已经形成的与污染源相关的国家标准和环境行业标准代码如表 6-1 所列。

表 6-1　污染源相关的国家和环境标准

标准名称	标准号	发布时间
环境污染源类别代码	GB/T 16706—1996	1996.12.20
环境信息分类与代码	HJ/T 417—2007	2007.12.29
燃料分类代码	HJ 517—2009	2009.12.21
燃烧方式代码	HJ 518—2009	2009.12.30
废水类别代码（试行）	HJ 520—2009	2009.12.30
废水排放规律代码（试行）	HJ 521—2009	2009.12.30
地表水环境功能区类别代码（试行）	HJ 522—009	2009.12.30
废水排放去向代码	HJ 523—2009	2009.12.30
大气污染物名称代码	HJ 524—2009	2009.12.30
水污染物名称代码	HJ 525—2009	2009.12.30
污染源编码规则（试行）	HJ 608—2011	2011.3.7

▶6.1.1.1　污染源代码

为了规范环境信息与统计工作，实现对污染源标识和表示的规范化，环保部办公厅于 2009 年正式下达了《污染源编码》的制订计划，并于 2010 年作为国家环境信息与统计能力建设项目中的一项标准规范工作由环保部信息中心牵头开展了对污染源统一编码的研究，并在 2011 年发布了《污染源编码规则》（试行）（HJ 608—2011）规则，按照排污单位有无组织机构代码定义了 A、B 两类编码，如图 6-1 所示。

污染源编码标准实现了污染源编码从无到有的突破，为关联我国的污染源数据信息奠定了良好的基础。制定污染源编码标准，有利于收集大量污染源基础数据，加快我国环境信息化建设进程，为环境管理工作提供现代化科学决策支持，对于落实科学发展观、构建环境友好型社会有着重要意义。原环境保护部污染源编码标准的使用正在积极地推进，对排污单位条码编码规则的制定和实施有着指导意义。

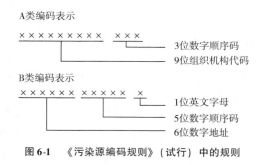

图 6-1　《污染源编码规则》（试行）中的规则

▶ 6.1.1.2　环境信息分类与代码

我国环境保护形势日益严峻，污染减排工作得到了党中央和国务院的高度重视。为此，国务院提出建立和完善污染减排"三大体系"，包括科学的减排指标体系、准确的减排监测体系和严格的减排考核体系。这些体系的健康有效运作均要求多个部门（包括原国家环保总局、环监局、监测总站、核安全中心、信息中心等）的信息实现顺畅的交换和高效的共享。其中所涉及信息的分类及其代码编制的科学性将对信息流动以及相关信息系统运作、对接顺畅和便利程度有直接影响。为了保障环境信息处理和交换工作有序开展，统一环境信息分类与编码要求，原环境保护部在《关于下达污染减排"三大体系"能力建设配套标准制定工作任务的通知》（环办函〔2007〕629 号）中下达了标准编制任务。《环境信息分类与代码》（HJ/T 417—2007）属于这批配套标准之一。

环境信息的编码方法采用层次码为主体，每层中则采用顺序码。其中，层次码依据编码对象的分类层级将代码分为若干层级，并与分类对象的分类层次相对应；代码自左向右表示的层级由高至低，代码的左端为最高位层级代码，右端为最低层级代码；采用固定递增格式。顺序码采用递增的数字码。代码由不同层级的类目组成，类目层次最多到四级，类目层次可根据发展需要增加。类目代码用阿拉伯数字表示，每层代码均采用 2 位阿拉伯数字表示，即 01 – 99。一级类目代码由第一层代码组成，二级及以上类目代码由上位类代码加本层代码组成，结构如图 6-2 所示。

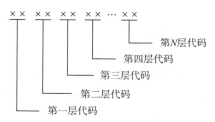

图 6-2　环境信息分类代码组成

环境信息分类主要应用于各级环境保护管理部门使用的环境管理信息，适用于全国各级环境保护部门的环境信息采集、交换、加工、使用以及环境信息系统建设的管理工作。

>> 6.1.1.3　环境污染源类别代码

《环境污染源类别代码》（GB/T 16706）（简称《代码》）是为适应环境保护的发展、管理和决策需要而制定的。它有助于正确反映环境中各种污染的性质状况、治理效果和发展趋势，便于环境保护的科学决策和信息管理，也适合于与其他信息系统之间的信息交换。《代码》规定了环境污染源的类别与代码，从 6 个不同的方面对环境污染源进行分类。每个方面包含若干个彼此独立的类目。每个类目表示一种环境污染源类型。

本标准用两位阿拉伯数字表示，其中：11～19 表示按污染源的运动方式划分的环境污染源类别；21～29 表示按污染源的空间分布划分的环境污染源类别；31～49 表示按污染源的污染对象划分的环境污染源类别；51～59 表示按人类活动划分的环境污染源类别；61～69 表示按排放污染物形态划分的环境污染源类别；91～99 表示按其他方面划分的其他环境污染源类别。

如果个位数是"0"，则表示分类面的名称；凡个位数字是"9"，则表示"其他"。

污染源类别代码可作为环境污染源大类主要参考，并结合我国环境保护监管的现实需求，对排污单位中的污染源定义为工业源、农业源、生活源（服务业）和集中式污染治理设施四大类。

>> 6.1.1.4　污染物名称代码

污染物指的是进入环境后使环境的正常组成发生变化，直接或者间接损害于生物生长、发育和繁殖的物质。为贯彻《中华人民共和国环境保护法》，促进环境信息化建设，原环境保护部科技标准司组织制定了《大气污染物名称代码》（HJ 524—2009）、《水污染物名称代码》（HJ 525—2009）和《固体废物名称和类别代码》（《国家危险废物名录》）等标准、法规。

（1）大气污染物名称代码

《大气污染物名称代码》标准对环境管理、环境统计、环境监测、环境影响评价、排污权交易、污染事故应急处置、各类大气环境质量标准、各类大气污染物排放标准、环境保护国际履约、环境科学研究、环境工程、环境与健康和实验室信息系统等业务涉及的大气污染物及相关指标进行分类、列表，规定了大气污染物名称代码。大气污染物名称代码表主要包括大气污染物及相关指标的代码、类别、中、英文名称、化学符号、CAS 号、别名等。

大气污染物代码格式采用码位固定的字母数字混合格式。字母代码采用缩写码表示，即用"a"表示气；数字代码采用阿拉伯数字表示，即采用递增的数字码。代码共分三层：第一层代码，用"a"表示气；第二层代码，表示大气污染物的类别，采用 2 位阿拉伯数字表示，即 01～99；第三层代码为污染物代码，采用 3 位阿拉伯数字表示，即 001～999，每一组阿拉伯数字表示一种污染物或相关指标。二层及二层以上代码由上层代码加本层代码组成。代码结构如图6-3所示。

图6-3 大气污染物代码结构

（2）水污染物名称代码

《水污染物名称代码》是对环境管理、环境统计、环境监测、环境影响评价、排放污染物申报登记、各类水体环境质量标准、各类水污染物排放标准等涉及的水污染物进行列表、分类，规定的水污染物名称代码。

水污染物名称代码值的格式采用码位固定的字母数字混合格式。字母代码采用缩写码，用"w"表示水体；数字代码采用阿拉伯数字表示，采用递增的数字码。代码分三层：第一层代码，用"w"表示水体；第二层代码，表示水污染物的类别，类别代码采用2位阿拉伯数字表示，即01～99；第三层代码，表示水污染物在类别中的代码，采用3位阿拉伯数字表示，即001～999，每一组阿拉伯数字表示一种污染物或一个污染指标。二层及二层以上代码由上层代码加本层代码组成，如图6-4所示。

图6-4 水污染物代码结构

（3）固体废物名称和类别代码

原环境保护部《国家危险废物名录》中的固体废物是指人类在生产和生活活动中丢弃的固体和泥状的物质，简称固废。固体废物包括从废水、废气分离出来的固体颗粒。固体废物的分类方法有多种，按其组成可分为有机废物和无机废物；按其形态可分为固态废物、半固态废物和液态（气态）废物；按其污染特性可分为危险废物和一般废物等；按其来源可分为矿业的、工业的、城市生活的、农业的和放射性的。

《固体废物名称和类别代码》根据《国家危险废物名录》中的有关术语的规则构成。其中，"废物类别"是按照《控制危险废物越境转移及其处置巴塞尔公约》划定的类别进行的归类。"行业来源"是某种危险废物的产生源。"废物代码"是危险废物的唯一代码，为8位数字。其中，第1～3位为危险废物产生行业代码，第4～6位为废物顺序代码，第7～8位为废物类别代码。"危险特性"是指腐蚀性（Corrosivity，C）、毒性（Toxicity，T）、易燃性（Ignitability，I）、反应性（Reactivity，R）和感染性（Infectivity，In）。

▷ 6.1.1.5　废水排放相关代码

随着国家城市化、工业化的快速发展，大量生活废水和工业废水的排放，导致了我国现有水源水质急剧下降，水体污染日益严重，一系列生态问题相继出现，严重危害着人们的身心健康，因此污水处理也越来越受到社会的重视。为了贯彻《中华人民共和国环境保护法》，保障废水治理和管理工作有序开展，原环境保护部科技标准司组织制订了一系列有关废水处理编码规则的国家环境保护标准，包括《废水类别代码（试行）》（HJ 520—2009）、《废水排放规律代码（试行）》（HJ 521—2009）和《废水排放去向代码》（HJ 523—2009）等。

（1）废水类别代码

《废水类别代码（试行）》是根据环境管理、环境统计、环境监测、环境影响评价、排放污染物申报登记等工作及各类水体环境质量标准、水污染物排放标准的需要，规定了废水类别及与之相对应的代码。该废水类别代码主要适用于废水信息采集、交换、加工、使用和环境信息系统建设的管理工作。根据废水来源、所属行业和工艺阶段，采用线分类法进行分类。废水类别类目层次分为四级，类目层次可根据发展需要增加。类目代码用阿拉伯数字表示。第二层代码采用 2 位阿拉伯数字表示，即 01～99；第一层、第三层及第四层采用 1 位阿拉伯数字表示，即 1～9。一级类目代码由第一层代码组成，二级及以上类目代码由上层类代码加本层代码组成。代码结构如图 3-5 所示。废水类别代码使用时应完整填写 5 位数字。对于类别划分较粗而导致的码长不足，以 0 补足。如图 6-5 所示。

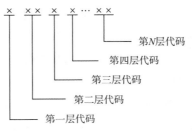

图 6-5　废水类别代码结构

（2）废水排放规律代码

《废水排放规律代码（试行）》规定了废水的排放规律类别和代码，适用于各级环境保护部门废水排放规律信息采集、交换、加工、使用和环境信息系统建设的管理工作。废水排放规律类别的编码方法采用并置码。废水排放规律的代码结构如图 6-6 所示，各位代码含义见表 6-2。

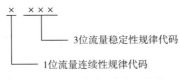

图 6-6　废水排放规律代码结构

表 6-2   废水排放规律代码含义表

按废水排放流量分类							
按连续性分类		按稳定性分类					
第 1 位		第 1 位		第 1 位		第 1 位	
代码	含义	代码	含义	代码	含义	代码	含义
1	连续	1	稳定	x	—	x	—
0	间断	0	不稳定	1	有规律	1	周期性
						9	其他
				0	无规律	1	冲击性
						9	其他

（3）废水排放去向代码

《废水排放去向代码》确定了废水排放去向的分类与代码。废水排放包括工业废水、生活废水、污水处理设施以及垃圾填埋厂、堆肥厂、焚烧厂、危险废物处置厂等设施的排水。废水排放去向按面分类法分为 10 类，代码采用一位英文大写字母表示，按英文字母顺序从 A 至 K 不间隔编码。

▶ 6.1.1.6   燃料分类与燃烧方式代码

为了保障燃料类别和燃烧方式信息处理和交换工作有序开展，统一燃料方式分类、燃烧类别与代码，原环境保护部制订了《燃料分类代码》（HJ 517—2009）和《燃烧方式代码》（HJ 518—2009）两类标准。标准规定了燃料类别信息和燃烧方式的分类和代码，适用于全国各级环境保护部门有关燃料类别和燃烧方式的信息采集、交换、加工、使用以及环境管理信息系统建设的管理工作。

燃料分类的编码方法采用字母和数字混合编码，字母表示燃料的基本属性，数字表示燃料的大类、小类和燃烧污染属性。燃料分类由四段字符组成：第一段表示燃料的基本属性；第二段表示燃料的大类；第三段表示燃料的小类或名称；第四段表示燃料的燃烧污染属性，即灰分含量和硫分含量。燃料的基本属性代码用英文字母表示，其中"f"表示普通燃料，"n"表示核燃料。燃料的大类按使用时燃料的物理形态分为固体燃料、液体燃料和气体燃料三大类，分别用阿拉伯数字 1、2 和 3 表示。燃料的小类或名称用两个阿拉伯数字表示，其中第 2 位（即个位数）为"0"时即为燃料的小类。燃料的燃烧污染属性用两位阿拉伯数字表示：第 1 位表示燃料灰分含量，取值为 0~4，9；第 2 位表示燃料硫分含量，取值为 0~3，9。代码结构如图 6-7 所示。

《燃烧方式代码》中对燃烧反应床层形式、燃烧设备及燃烧机理采用面分类法，对具体燃烧过程、燃烧参数以及燃烧污染特性采用线分类法。燃烧方式分类设一级类目，根据具体燃烧过程、燃烧参数以及燃烧污染特性分为六类。燃烧方式的编码方法采用层码法，每层均采用数字编码。自左至右表示的层级由高至低，代码的左端为最高位层级，右端为最低层级代码。燃烧方式代码由两位阿拉伯数字表示，采用固定递增格式，顺序码采用递增的数字码，即 01 ~ 99。

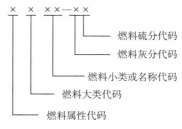

图 6-7　燃料分类代码结构

6.1.1.7　水环境功能区类别代码

水域环境功能分类是根据一个水域的水体所具有的不同环境功能作用所进行的类别划分。划分水域功能区可以确定水质控制标准，制定地方性排放标准，计算功能区水环境容量，确定功能区各排污口的允许排放总量及其分担率和消减率，提出优化治理措施，最终实现切实可行的目标管理。为了规范地表水环境功能区类别标识，原环境保护部制定了《地表水环境功能区类别代码》（HJ 522—2009）。本标准中水环境功能区类别代码对象为中华人民共和国领域内江河、湖泊、运河、渠道、水库等具有使用功能的地表水水域，适用于地表水环境信息采集、交换、加工、使用和环境信息系统建设的管理工作。

地表水环境功能区分类采用以面分类法为主、线分类法为补充的混合分类法进行分类，根据《中华人民共和国水污染防治法》和《地表水环境质量标准》（GB 3838—2002）的规定要求分为 9 类。地表水环境功能区类别代码采用层次编码方法，每层均采用数字编码。代码自左至右表示的层级由高至低，代码的左端为最高位层级代码，右端为最低位层级代码。地表水环境功能区类别代码用两位阿拉伯数字表示，代码采用固定递增格式，顺序码采用递增的数字码，即 01 ~ 99。

以上代码标准是生态环境部为确保污染物减排目标的实现，制定的关于环境污染的国家标准和环境行业标准。在编码过程中结合我国多年来环境信息工作中积累的成果，并考虑一些部门正在采用的分类与编码，与国内已有的相关编码体系标准相协调，保持继承性和实际使用的延续性，并且与相关国际标准相符。以上编码规则可作为减排统计重点调查单位条码编码的参考，有些代码可直接作为编码的一部分。

6.1.2　污染源各类信息中的其他主要代码

除了已经应用的国家标准和环境行业标准中代码，在污染源普查、排污申报、污染源在线监控、监督性监测、减排统计等环境监管业务中已经并正在使用的其他主要相关代码还包括表 6-3 所列的代码。

表 6-3   环保业务中在用的其他污染源相关代码及应用领域

代码名称	使用业务		
	环境统计	排污申报	污染源普查
一般工业企业固体废物代码	√		√
治理类型代码	√	√	
污水处理方法代码	√	√	√
污水处理设施类型代码	√		√
废纸脱墨工艺代码	√		
废气除尘、脱硫方法代码	√	√	√
工艺废气净化方法代码	√	√	√
工业固废处置方法代码	√	√	√
废气排放规律代码		√	
锅炉等燃烧设备分类编码		√	√
工业炉窑分类编码		√	√
水域功能区类别代码		√	√

> 6.1.2.1   环境治理类型代码

根据污染物类型，环境治理类型可分为工业废水治理、工业废气脱硫治理、工业废气脱硝治理、其他废气治理、一般工业固体废物治理、危险废物治理（企业自建设施）、噪声治理（含振动）、电磁辐射治理、放射性治理、工业企业土壤污染治理、矿山土壤污染治理、污染物自动在线监测仪器购置、污染治理搬迁、其他治理（含综合防治）等类型，分别用阿拉伯数字从 1 开始顺序不间隔编码。

> 6.1.2.2   一般工业企业固体废物代码

一般工业固体废物指未被列入《国家危险废物名录》或者根据国家规定的《危险废物鉴别标准》（GB 5085）、《固体废物浸出毒性浸出方法》（GB 5086）及《固体废物浸出毒性测定方法》（GB/T 15555）鉴别方法判定不具有危险特性的工业固体废物。根据其性质分为以下 2 种。

（1）第 I 类一般工业固体废物

按照 GB 5086 规定方法进行浸出试验而获得的浸出液中，任何一种污染物的浓度均未超过 GB 8978 最高允许排放浓度，且 pH 值在 6～9 范围之内的一般工业固体废物。

（2）第 II 类一般工业固体废物

按照 GB 5086 规定方法进行浸出试验而获得的浸出液中，有一种或一种以上的污染物浓度超过 GB 8978 最高允许排放浓度，或者是 pH 值在 6～9 范围之外的一般工业固体废物，如图 6-8 所示。

代码	名称	代码	名称	代码	名称
SW01	冶炼废渣	SW05	尾矿	SW09	赤泥
SW02	粉煤灰	SW06	脱硫石膏	SW10	磷石膏
SW03	炉渣	SW07	污泥	SW99	其他废物
SW04	煤矸石	SW08	放射性废物		

图6-8　一般工业企业固体废物及代码

▶ 6.1.2.3　污染物排放与处置相关代码

（1）污水处理方法代码

污水处理方法就是利用物理、化学和生物的方法对污水进行处理，使污水净化，减少污染，以至达到污水回收、复用，充分利用水资源。污水处理方法分为物理处理法、化学处理法、物理化学处理法、生物处理法和组合工艺处理法五类。代码结构为4位阿拉伯数字，其中第1位表示污水处理方式的分类，用1、2、3、4和5表示；小类代码用3位阿拉伯数字表示。

（2）污水处理设施类型代码

污水处理设施类型代码结构为1位阿拉伯数字，用1、2、3表示。代码和名称如下：1—城镇污水处理厂；2—工业废［污］水集中处理设施；3—其他污水处理设施。

（3）废纸脱墨工艺代码

废纸脱墨过程是一个化学反应和物理反应相结合的过程，一般是通过脱墨化学品来破坏印刷油墨对纤维的黏附，在适当的温度和机械外力作用下将油墨从纤维上分离下来，并从纸浆中分离出去的工艺过程。

废纸脱墨工艺代码结构为1位阿拉伯数字，用1、2、3、4和5表示。代码和名称如下：1—浮选法；2—化学法；3—酶脱墨法；4—超声波脱墨法；5—附聚脱墨法。

（4）废气除尘、脱硫方法代码

除尘方式通常概括为两类：一类是干法除尘；另一类是湿法除尘。

除尘包括重力沉降法、惯性除尘法、湿法除尘法、静电除尘法、过滤式除尘法、单筒旋风除尘法、多管旋风除尘法，分别用大写拉丁字母A～G表示。

废气脱硫是指脱除废气中的二氧化硫（SO_2），脱硫方法代码由一位字母和一位数字组成。脱硫方法分为三大类，大类代码由一位大写拉丁字母X、Y和Z表示；每个大类中的小类由一位阿拉伯数字表示。

（5）工业废气净化方法代码

废气净化（Flue gas purification）主要是指针对工业场所产生的工业废气诸如粉尘颗粒物、烟气烟尘、异味气体、有毒有害气体进行治理的工作。工业废气净化方法包括冷凝法、吸收法、吸附法、直接燃烧法、催化燃烧法、催化氧化法、催化还原法、冷凝净化法和其他净化方法，分别用阿拉伯数字1～9编码表示。

（6）废气排放规律代码

废气排放规律包括稳定连续排放、周期性连续排放、不规律连续排放、有规律间断排放和不规律间断排放，分别用阿拉伯数字1、2、3、4和5表示。

（7）固废处置方法代码

我国的固体废物主要包括工业固体废物和生活废物，其中工业固体废物有90%以上被重新利用，因此主要是生活废物被处理或处置。生活废物主要通过填埋、焚烧、堆肥等方式进行处理或处置。固废处置方法代码由2位阿拉伯数字组成：其中第1位表示固废处理方式的分类；第2位表示在该分类下的具体处理方式。

▶ 6.1.2.4　工业锅炉、炉窑等燃烧设备分类编码

（1）锅炉等燃烧设备分类编码

燃烧设备（除工业炉窑外）可分为锅炉、饮食大灶和其他燃烧设备3大类。锅炉又可细分为4类，即火电厂锅炉、工业（蒸汽）锅炉、工业（热水）锅炉、常压（茶浴及采暖）锅炉，故总共为6类。锅炉分类仍沿用3位字母数字混合代码，饮食大灶仍沿用2位字母码，机组根据国内的实际情况新增加，沿用3位字母数字混合代码。编码规则如下。

第1位：均为字母，A表示锅炉；Z表示饮食；Y表示机组。

第2、第3位：均为两位数字。依原顺序编码，将新增码插入原代码中（饮食大灶仅有第2位码，且为一位字母，用M表示煤，用Y表示油，用Q表示气）。

（2）工业炉窑分类编码

工业炉窑按炉类可分为15个类别，每一类别中又分为一些小的类别，其编码规则如下。

① 第1、第2位数字为01～19，表示工业炉窑按炉类分为15类。从01类开始，按类别顺序排序，中间预留一些空码。

② 第3位数字为0～9，其中1～9表示工业炉窑类中的小类。从1开始，按每一类中的小类顺序排序。对每一类别的第三位数字补零，即"0"。

▶ 6.1.2.5　水域功能区类别代码

水功能区是指为满足人类对水资源合理开发、利用、节约和保护的需求，根据水资源的自然条件和开发利用现状，按照流域综合规划、水资源保护和经济社会发展要求，依其主导功能划定范围并执行相应水环境质量标准的水域。在水功能区划的基础上，核定水域纳污能力，提出限制排污总量意见，为水资源的开发利用和保护管理提供科学依据，实现水资源的可持续利用。

依据地表水水域环境功能和保护目标，按功能高低依次划分为五类。

Ⅰ类：主要适用于源头水、国家自然保护区。

Ⅱ类：主要适用于集中式生活饮用水地表水源地一级保护区、珍稀水生生物栖息地、鱼虾类产卵场、仔稚幼鱼的索饵场等。

Ⅲ类：主要适用于集中式生活饮用水地表水源地二级保护区、鱼虾类越冬场、洄游通道、水产养殖区等渔业水域及游泳区。

Ⅳ类：主要适用于一般工业用水区及人体非直接接触的娱乐用水区。

Ⅴ类：主要适用于农业用水区及一般景观要求水域。

分类代码从 1 至 5 不间隔顺序排码。

6.1.3　我国其他行业部门广泛应用的主要编码

污染源信息采集过程中，还涉及其他全国范围的基础性代码，如组织机构代码、行政区划、企业类别等。涉及的部门有国家统计局、国家质量监督检验检疫总局（简称质检总局）、水利部、农业部、国土资源部等部门。上述相关部门广泛应用的相关代码标准如表 6-4 所列。

表 6-4　其他相关行业部门广泛应用的代码

标准名称	标准号	部门	发布时间
全国组织机构代码	GB 11714—1997	质检总局	1997. 12. 29
国民经济行业分类与代码	GB/T 4754—2011	质检总局	2011. 11. 1
中华人民共和国行政区划代码	GB/T 2260—2002	统计局	2007. 11. 14
单位隶属关系代码	GB/T 12404—1990	统计局	1997. 5. 26
统计用产品分类目录	国家统计局令第 13 号	统计局	2010. 2. 9
个体经营分类与代码	国统办字（1999）2 号	统计局	2006. 12. 6
中国河流名称代码	SL 249—199	水利部	1999. 12. 28
中国湖泊名称代码	SL 261—98	水利部	1998. 11. 2
土地利用现状分类	GB/T 21010—2007	国土资源部	2007. 8. 10

▶ 6.1.3.1　国家质检总局

（1）全国组织机构代码

为了发挥国家监督管理体系整体效能、强化管理，国务院于 1989 年发文（国发〔1989〕75 号），决定在全国范围内全面实行组织机构统一代码标识制度。《全国组织机构代码编制规则》（GB 11714—1997）规定了全国组织机构代码的编码方法，使全国各机关、团体、企事业单位等组织机构均获得一个唯一的、始终不变的法定代码，以适应政府部门的统一管理和业务单位实现计算机自动化管理的需要。适用于全国组织机构代码的编制、信息处理和信息交换。全国组织机构代码由 8 位数字（或大写拉丁字母）本体代码和 1 位数字（或大写拉丁字母）校验码组成。本体代码采用系列（即分区段）顺序编码方法，如图 6-9 所示。

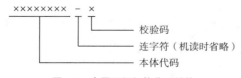

图 6-9　全国组织机构代码结构

组织机构代码如同居民的身份证一样，是组织机构在社会经济活动中统一赋予的单位身份证，因此组织机构代码可作为排污单位标识码的重要组成部分。

（2）国民经济行业分类与代码

根据工业统计报表制度规定，需要统计企业生产经营状况和能源消费情况的使用产品、能源等指标。在工业统计报表中统计编码分类方式主要采用《2017 年国民经济行业分类与代码》（GB/T 4754 – 2017）中规定的行业分类标准，标准中规定了全社会经济活动的分类与代码。

本标准采用线分类法和分层次编码方法，将国民经济行业划分为门类、大类、中类和小类四级。代码由一位拉丁字母和四位阿拉伯数字组成。

门类代码用一位拉丁字母表示，即用字母 A、B、C⋯⋯依次代表不同门类；大类代码用两位阿拉伯数字表示，打破门类界限，从 01 开始按顺序编码；中类代码用三位阿拉伯数字表示，前两位为大类代码，第三位为中类顺序代码；小类代码用四位阿拉伯数字表示，前三位为中类代码，第四位为小类顺序代码。本标准的中类和小类，根据需要设立带有"其他"字样的收容项。为了便于识别，原则上规定收容项的代码尾数为"9"。当本标准大类、中类不再细分时，代码补"0"直至第四位，代码结构如图 6-10 所示。

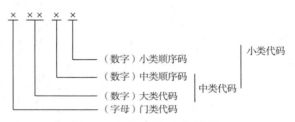

图 6-10　国民经济行业代码结构

分类标准及编码体系具有普遍适用性，可以用于环境、农林、工商、税务等多个行业统计，经过多年的使用论证，已经逐步完善与成熟。

6.1.3.2　国家统计局

（1）行政区划代码

《中华人民共和国行政区划代码》（GB/T 2260—2007）规定了中华人民共和国县级及县级以上行政区划的数字代码和字母代码，适用于对县级及县级以上行政区划进行标识、信息处理和交换等。

行政区划数字代码采用三层六位层次码结构，按层次分别表示我国各省（自治区、直辖市、特别行政区）、市（地区、自治州、盟）、县（自治县、县级市、旗、自治旗、市辖区、林区、特区）。

行政区划数字代码具有唯一性，因此可作为组织机构代码的补充，对没有组织机构代码的排污单位，采用行政区划数字代码代替。

（2）单位隶属关系代码

单位隶属关系主要指与上级行政机构的从属关系，为了适用于各级统计和管理中的信息处理和信息交换，制定了《单位隶属关系代码》（GB/T 12404—1997）。代码采用两位阿拉伯数字表示隶属关系的名称。

（3）统计用产品类别与代码

统计用产品分类目录是对全社会经济活动的产品进行标准分类和统一编码，它适用于以产品为对象的所有统计调查活动。

《统计用产品分类目录》的基本产品类别与代码分为五层，每层为 2 位代码，用阿拉伯数字表示，共有 10 位代码。各层代码为：第一层为大类产品，由 2 位代码表示；第二层为中类产品，由 4 位代码表示；第三层为小类产品，由 6 位代码表示；第四层为组产品，由 8 位代码表示；第五层为小组产品，由 10 位代码表示。

第二层至第五层，原则上每层为 01～99 的两位顺序代码；含"其他"的产品为上一层产品的收容项，用代码"99"表示。

当第一、二层的产品不再细分时，向下重复至第三层；当第三、四层的产品不再细分时，后面补"0"至第五层。

本《统计用产品分类目录》提供第六层，作为专业自选层。当前五层不能满足需要时可选择第六层作为专业的自选层。自选层代码为 3 位。

（4）个体经营分类与代码

"个体经营"的分类和代码为：个体经营 400；个体户 410；个人合伙 420。

▶ 6.1.3.3　水利部

水利部门的统计工作主要针对各区域水文、水利活动和水行设施等方面的基本情况，通过水利统计数据反映国家水利发展形势，为水利建设和相关行业提供数据支撑和决策支持。

在排污申报等环保业务中需要填写企业所在流域代码以及受纳水体代码。受纳水体名称指排污单位直接排入水体的名称（如××海、××沟、××河、××港、××江、××塘等）。受纳水体按照水利部颁发的《中国河流名称代码》（SL 249—1999）和《中国湖泊名称代码》（SL 261—98）作为环境系统全国河流编码的基础内容，代码采用英文字母（I、O、Z 舍弃）和数字的混合编码，共 8 位，分别表示河流所在流域、水系、编号及类别。

一二位是流域、大流域干流和支系干流的分类分段码，用两位拉丁字母表示。三四位是流域、大流域干流的一级支流和支系一级支流码，从 01 至 99 不间隔顺序排码。五六位是上一级河流的支流码（如部分长江的三级支流），从 01 至 99 不间隔顺序排码。七八位是上一级河流以下的各级支流混排码，从 01 至 99 不间隔顺序排码。

▶ 6.1.3.4　国土资源部

我国国土资源部中需要对全国土地资源、矿产资源和海洋资源状况情况进行调查统计，为国家有关部门、各级国土资源行政主管部门制定有关政策和进行宏观管理提供依据。

土地使用情况统计中采用《土地利用现状分类》（GB/T 21010—2007）中提供的编码分类方式，为三位数编码，第一段编码为前两位采用流水号，表示土地用途大类；第二段编码为第三位采用流水号，表示土地用途小类。矿产资源统计分类编码遵照

《中华人民共和国矿产资源法实施细则》附件矿产资源分类细目执行，为五位数编码，第一段编码为第一位采用流水号，表示矿产资源基本分类；第二段编码为第二三位表示具体矿种采用流水号；第三段编码为第四五位采用流水号，表示具体矿物。

国土资源部的统计业务同国民经济活动密切相关，指标涉及许多行业。但是国土资源部使用的统计用指标分类编码主要依据部门内部业务规则，没有体现出与其他行业中使用的统计编码的关联性，故暂不考虑应用于排污申报等环保业务。

▶ 6.1.3.5　农业部

《畜禽养殖代码》是由县级人民政府畜牧兽医行政主管部门按照农业部制定的《畜禽标识和养殖档案管理办法》对每个备案的畜禽养殖场、养殖小区进行的统一编号。每个只有畜禽养殖场、养殖小区一个畜禽养殖代码。

畜禽养殖代码由 6 位县级行政区域代码和 4 位顺序号组成，作为养殖档案编号。也就是说按照农业部门的规定，所有畜禽养殖小区和畜禽养殖场都有自己的畜禽养殖代码。畜禽养殖代码可以弥补畜禽养殖小区没有组织机构代码的问题，并且通过畜禽养殖代码更便于与农业畜牧部门的数据衔接。

以上大部分编码已形成国家标准，由国家标准化主管机构批准发布。代码的产生对全国经济、社会、技术发展具有重大意义。虽然编码最早由一个机构、部门起草、颁布实行，但很快这些代码就在多个行业部门得到了应用和推广。上述所列的部分代码已经在污染源相关环保业务中得到了应用。本项目也会在充分调研的基础上将可以但尚未应用在污染源领域应用的代码引入并应用起来，这样也便于和其他业务部门的数据相互对接和关联。例如，农业部门的畜禽养殖代码也可以考虑应用到农业污染源的唯一标识中来。

6.2　污染源条码框架设计

6.2.1　信息分类与编码方法

▶ 6.2.1.1　信息分类与编码

信息分类就是将具有某种共同特性或特征的信息归并在一起，把不具有上述共性的信息区分开来的过程。减排统计过程中需要将所涉及的环境污染源、产污设备/设施、排污口、污染物处理/贮存设施等进行分类。信息分类有两个要素：一是分类对象；二是分类依据。分类对象由若干个被分类的实体组成，分类依据取决于分类对象的属性或特征。

信息编码是将表示信息的某种符号体系（如文字、图像）转换成便于计算机识别和处理的另一种符号体系的过程。减排统计过程中需要将所涉及的环境污染源、产污设备/设施、排污口、污染物处理/贮存设施等进行编码，便于识别。编码的目的是把编码对象彼此区分开，在编码对象的集合范围内，编码对象的代码值是其唯一性标志；

信息编码的分类作用实质上是对类进行标识；信息编码的参照作用体现在编码对象的代码值可作为不同应用系统或应用领域之间发生关联的关键字。

进行信息交流的各方只有对表示信息的符号体系有统一的理解，这种交流才有意义，信息才能得到有效的利用。信息按科学的原则进行分类与编码，并依次作为一定范围内（如国际、国家、地区、行业、企业）共同遵守的准则和进行信息交换的共同语言（即标准）。

▶ **6.2.1.2** *信息编码的基本方法*

信息编码的方法体系如图 6-11 所示，常用的编码方法有层次码、分段式编码和混合编码。

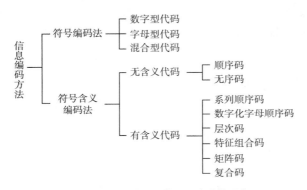

图6-11 信息编码（代码）方法体系表

（1）层次码

层次码是按分类对象的从属、层次关系为排列顺序的一种代码，对应层级分类法。层级分类法（又称线分类法或等级分类法）是将初始的分类对象（即被划分的事物或概念）按所选定的若干个属性/特征作为分类的划分基础，逐次地分解成若干个层级类目，并编排成一个逐级展开、有层次的分类体系。

同层级类目之间存在着并列关系，称为同位类。一个层级类目经分解形成的下层类目，称为下位类；相应的被分解的类目称为上位类；上位类与下位类的关系是隶属关系。同层级类目互不重复，不同层级的类目互不交叉。每个下位层的类目只对应于一个上位层。同位类类目之间存在着并列关系，下位类与上位类类目之间存在着隶属关系。

编码时将代码分成若干层级并与分类对象的分类层级相对应，代码自左至右，表示的层级由高至低，代码的左端为最高位层级代码，代码的右端为最低位层级代码，每个层级的代码可采用顺序码或系列顺序码。代码结构如图 6-12 所示。

（2）分段式编码法

分段式编码法是指由多个代码段组成的编码，对应信息的面分类法。面分类法是按分类对象多个方面的属性与特征的异同来建立分类体系的。

面分类法将给定的分类对象按选定的若干属性或特征分成彼此没有隶属关系的若干方面（简称属性面或面），每个面包含了这个属性面的若干不同的属性值或特征值。从选定的面中每面取一次作为描述的事物的属性值，以构成面分类法的分类体系中的一个类目。编码时将按顺序将各个"面"的代码进行组合,即为某对象代码。

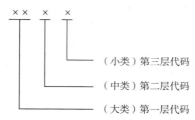

（小类）第三层代码
（中类）第二层代码
（大类）第一层代码

图6-12　层次法代码结构

分段式编码的代码段可以自由组合,参与编码的代码段个数不定,代码段之间没有严格的层次关系。分段式编码的特点与组合码的特点相似,但是二者是根本不同的。组合码是一个实际使用的编码,代表了一个具体的事物;而分段式编码只储存代码段的值,在使用的时候才将它们组合起来,代码结构如图6-13所示。

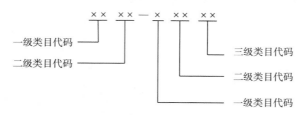

一级类目代码
二级类目代码
三级类目代码
二级类目代码
一级类目代码

图6-13　分段式编码代码结构

（3）混合分类编码法

混合分类编码法是将线分类法和面分类法组合使用,以其中一种分类法为主,另一种作为补充的信息分类方法。

▶6.2.1.3　信息编码（代码）的主要功能

（1）识别功能

信息编码是识别某个实体或属性的唯一标识。

（2）分类功能

当按编码对象的某种属性分类并赋予不同的分类代码时,代码可以作为不同类型对象的标识。

（3）排序功能

当按编码对象的某种顺序关系分类,并赋予不同的顺序代码时,代码可以作为不同类别对象的某种顺序标识。

（4）统计功能

利用代码对编码对象不同分类、不同属性的描述,可以根据代码方便地进行各种统计。

（5）特定含义

在设计代码时采用一些专用字符或对某些字符做出一些特殊规定,使其具有特定的含义。特定含义的代码有利于信息安全。

▶6.2.1.4 信息编码的原则

（1）唯一性

尽管编码对象可能有不同的名称、不同的描述，但对应于此对象的代码必须唯一，即代码与相应的编码对象一一对应。

（2）合理性

代码的结构与形式要与编码对象的分类体系相适应，可以从代码上来识别一个编码对象在其分类体系中的位置。

（3）可扩展性

代码的结构必须适应编码对象的发展与变化，为新的编码对象留有足够的备用代码。

（4）简洁性

在满足应用要求和可扩展性的前提下，代码的结构应当简洁，代码位数尽可能短，以节省计算机的处理时间和存储空间，降低差错率。

（5）可识别性

代码从结构上应尽可能多地反映编码对象的属性与特征，便于人们和计算机识别。有些代码的设计还要考虑到便于机器或人工检验可能出现的差错。

（6）稳定性

在应用环境与需求发生变化时，代码的结构应当保持相对稳定，具有适应变化和容纳变化的能力。在实际应用中，代码结构的变化要消耗人、财、物等资源，因此，凡已形成各级（国际、国家、地方、行业、企业）特征的代码结构需要调整时，必须由相应的标准化组织机构来进行。

6.2.2 条码编码

条码即条形码（Barcode），是将宽度不等的多个黑条和空白按照一定的编码规则排列，用以表达一组信息的图形标识符。常见的条形码是由反射率相差很大的黑条（简称条）和白条（简称空）排成的平行线图案。条形码可以标出物品的生产国、制造厂家、商品名称、生产日期、图书分类号、邮件起止地点、类别、日期等许多信息，因而在商品流通、图书管理、邮政管理、银行系统等许多领域都得到广泛的应用。

条形码是迄今为止最经济、实用的一种自动识别技术。条形码技术具有以下几个方面的优点。

1）输入速度快 与键盘输入相比，条形码输入的速度是键盘输入的 5 倍，并且能实现"即时数据输入"。

2）可靠性高 键盘输入数据出错率为三百分之一，利用光学字符识别技术出错率为万分之一，而采用条形码技术误码率低于百万分之一。

3）采集信息量大 利用传统的一维条形码一次可采集几十位字符的信息，二维条形码更可以携带数千个字符的信息，并有一定的自动纠错能力。

4）灵活实用 条形码标识既可以作为一种识别手段单独使用，也可以和有关识别设备组成一个系统实现自动化识别，还可以和其他控制设备联接起来实现自动化管理。

5）其他 另外，条形码标签易于制作，对设备和材料没有特殊要求，识别设备操作容易，不需要特殊培训，且设备也相对便宜。

条码种类很多，常见的大概有二十多种码制，包括一维条码和二维条码。

（1）一维条码

一维条形码也称为线性条码，指的是只在一个方向（一般是水平方向）表达信息，而在垂直方向则不表达任何信息，能够表示 30 个左右的字母或数字。一维条形码的应用可以提高信息录入的速度，减少差错率，但是一维条形码也存在一些不足之处：数据容量较小一般只包括 30 个字符左右，只能包含字母和数字；条形码尺寸相对较大（空间利用率较低）；条形码遭到损坏后便不能阅读。

目前，国际广泛使用的条码种类有 EAN、UPC 码（商品条码，用于在世界范围内唯一标识一种商品，我们在超市中最常见的就是这种条码）、Code39 码（可表示数字和字母，在管理领域应用最广）、ITF25 码（在物流管理中应用较多）、Codebar 码（多用于医疗、图书领域）、Code93 码、Code128 码等。其中，EAN 码是当今世界上广为使用的商品条码，已成为电子数据交换（EDI）的基础；UPC 码主要为美国和加拿大使用；在各类条码应用系统中，Code39 码因其可采用数字与字母共同组成的方式而在各行业内部管理上被广泛使用；在血库、图书馆和照相馆的业务中，Codebar 码也被广泛使用。

一维条码一般由左侧空白区、起始符、数据符、校验符、终止符以及右侧空白区组成，采用宽窄不同的黑白条来表示信息，如图 6-14 所示。

图 6-14 一维条码组成

（2）二维条码

二维条码可以在水平和垂直方向的二维空间存储信息，能够表示数据文件（包括汉字文件）、图像等。二维条码特点如下。

1）高密度编码，信息容量大 可容纳多达 1850 个大写字母或 2710 个数字或 1108 个字节，或 500 多个汉字，比普通条码信息容量约高几十倍。

2）编码范围广 可以把图片、声音、文字、签字、指纹等可以数字化的信息进行编码，用条码表示出来；可以表示多种语言文字；可表示图像数据；容错能力强，具有纠错功能。

3）译码可靠性高 它比普通条码译码错误率百万分之二要低得多，误码率不超过千万分之一。

4）可引入加密措施 保密性、防伪性好，可以使用激光或 CCD 阅读器识读。

二维条码可以分为堆叠式/行排式二维条码和矩阵式二维条码。

（1）堆叠式/行排式二维条码

又称堆积式或层排式，其编码原理是建立在一维条码基础之上，按需要堆积成两行或多行。它在编码设计、校验原理、识读方式等方面继承了一维条码的一些特点，识读设备与条码印刷与一维条码技术兼容。但由于行数的增加，需要对行进行判定，其译码算法与软件也不完全相同于一维条码。代表性的行排式二维条码有 Code 16K、Code 49、PDF417 等。

（2）矩阵式二维条码

又称棋盘式二维条码，它是在一个矩形空间通过黑、白像素在矩阵中的不同分布进行编码。在矩阵相应元素位置上，用点（方点、圆点或其他形状）的出现表示二进制 "1"，点的不出现表示二进制的 "0"，点的排列组合确定了矩阵式二维条码所代表的意义。矩阵式二维条码是建立在计算机图像处理技术、组合编码原理等基础上的一种新型图形符号自动识读处理码制。具有代表性的矩阵式二维条码有 Code One、Maxi Code、QR Code、Data Matrix 等。

目前几十种二维条码中，常用的码制有 PDF417 二维条码、Datamatrix 二维条码、Maxicode 二维条码、QR Code、Code 49、Code 16K、Code one 等。除了这些常见的二维条码之外，还有汉信码、Vericode 条码、CP 条码、Codablock F 条码、田字码、Ultra-code 条码，Aztec 条码等。

二维条码组成如图 6-15 所示。

图 6-15　二维条码组成

6.2.3　建立污染源条码的优势

污染源与普通商品、证照等具有一定的相似性，首先需要唯一的、稳定不变的身份标识，也需要污染源信息的跟踪追溯、安全备份、保密防伪、表单交换中人工输入量的减少等深层需求。条码技术非常适用也迫切需要被应用到环保领域，为污染源建立条码体系。建立污染源条码的首要问题是污染源编码规则。污染源编码是将环境污染源赋予有一定规律性的易于计算机和人识别与处理的符号。在污染源业务数据数出多门的情况下，如果没有污染源的统一代码，对各类污染源业务数据做比对往往只能依靠污染源名称、法人代码、地址等进行人工辅助的认定。因此，建立污染源条码的优势主要归纳为以下几个方面。

（1）可以使污染源具有唯一和稳定的身份条码

污染源条码首先通过一套编码规则来对污染源身份进行编码，使得每个污染源具有唯一、相对稳定、并有一定意义的身份标识。这种身份标识也进一步规范了污染源，并体现出了污染源的界定规则，从而使污染源身份信息在环保各级部门统一并明确赋码，形成污染源身份条码，即污染源的身份证。

（2）可以使获取污染源信息的方式更快捷

条码支持多种自动识读方式，一方面可以借助通用扫描枪、专门的移动环保执法设备、甚至智能手机等设备扫码读取污染源身份代码（而无需烦琐的手工输入），进而用污染源身份代码通过网络传输调取数据库中的全部或部分污染源数据信息。另一方面，甚至可以将有关污染源的表单信息编码到二维条码中，通过各种条码扫描终端解码后直接得到污染源表单中录入的信息。

（3）为环保部门内部污染源信息的交换共享和面向公众信息公开奠定基础

污染源身份条码是污染源各套数据连接的纽带。对同一污染源，只有通过污染源身份条码才能使污染源普查，环境统计，排污申报、许可、收费等各类数据信息衔接起来，实现"一源一档"的基础支撑，即为每个污染源形成一套全面的、全过程的、动态的、综合的数据信息档案，为环保系统内部信息交换以及对外信息公开建立技术和规范基础。

（4）有利于提高环保部门行政审批和排污单位办事的效率

排污单位环保行政审批和产排污申报等活动中填报的各类申请和申报表格是环保部门信息跟踪的主要来源。通过引入污染源身份条码，可以更快、更准确地确认排污单位的身份，借助条码扫描设备自动识读污染源身份条码并调取污染源数据信息可以很大程度上减少环保工作人员手工输入查询、处理、核准的工作，提高政府服务的效率。

（5）有利于加快推进我国的环境保护信息化进程

我国的环境保护事业起步相对较晚，致使环境信息化发展进程相对滞后。污染源条码是一套先进、综合的信息化技术，并可以带动污染源相关标准规范的制定，推进国家级污染源基础数据库的建立，大大加速我国环境保护信息化的发展进程，从而为环保部门在高效办公、科学决策以及环保物联网等方面建立更强的技术保障。

6.2.4 污染源条码编制原则

污染源条码是污染源各套数据连接的纽带，通过污染源条码更容易使污染源普查，环境统计，污染源监测、排污申报、排污许可等各类数据信息正确关联起来，便于快速调取污染源的全部现状和历史数据。制定污染源条码编码标准，有利于收集大量污染源基础数据，加快我国环境信息化建设进程，为环境管理工作提供现代化科学决策支持，对于落实科学发展观、构建环境友好型社会有着重要意义。污染源条码是将环境污染源赋予一定规律性且易于计算机和人识别与处理的符号。污染源与普通商品、证照等具有一定的相似性，需要唯一的、稳定不变的身份标识，这样才能为污染源信息的查询比对、多源融合、共享交换、跟踪追溯等深层需求而服务。污染源条码需要准确反映所代表污染源的基本信息，同时编码规则尽可能的简洁、高效、实用。因此，编码技术体系的设计应该遵循以下原则。

（1）科学性和可行性

从有利于全国污染源编码实施的角度出发，从污染源的固有本质特征出发，选择诸如组织机构代码、污染源所属行政区划、行业类别等较稳定的特征作为污染源分类的基础。

（2）综合实用，贴近需求

按照有利于形成完整、协调的环境保护标准体系的原则，尽可能反映编码对象的特点，适用于不同的相关环境保护应用领域，支持系统集成。要把不同管理部门最关注的污染源信息组织好，方便查询、直观简明地汇总分析。

（3）集约利用各部门现有编码规则

目前环保系统业务中已有相应的编码体系，有的已成为国家或行业标准，应用较为成熟。只要统筹设计从这些环境业务数据中的"纽带"指标编码即可，指标的选择及编码体系设计主要立足利用现有的编码体系。

（4）信息集成共享

通过减排统计单位条码编码标准技术研究，将环境影响评价、排污申报、污染源普查、环境统计等管理业务的专业数据贯穿起来，实现数据和信息的高度集成；各业务管理部门通过统一的分类编码体系关联相关的环境信息，实现数据和信息的共享。

（5）兼容性与开放性

编码规则应基于我国已有的国家和行业标准定义的代码编制，易于与其他国家和行业标准代码兼容。同时，编码技术体系设计过程中充分考虑统计指标调查数据的开放性，以保证各业务管理部门能够获取业务管理过程中的必要信息。

（6）唯一性与稳定性

编码规则应体现和保证污染源代码的唯一性，一个代码唯一标识一个污染源对象。编码规则应体现和保证污染源代码长期稳定，不会轻易或频繁变化。在污染源编码标准中，编码的类型、编码的结构以及编码的编写格式应该统一。

（7）易于扩展

随着环境保护工作的开展，环境与健康的关系越来越得到政府和社会公众的关注，环境监管已不能停留在常规水质指标的水平，更多环境污染要素必须逐步纳入环境统计中。编码规则应具有纵向扩充能力。纵向扩充能力指各码段留有适当的码位容量，具备后续根据环境保护监管的要求进行扩展的能力。另外，编码标准技术体系本身应具有较强的可扩充能力，接入集成更多的环境要素、监管因子。

6.2.5　污染源条码框架设计

原环境保护部《污染源编码规则》（试行）中定义的赋码对象是环境保护行政管理机关登记管理的所有环境污染源实体，特指负有或承担管理责任的企业、组织和机构。但是，根据污染源的定义，除了负有排污责任的单位之外，排污单位中引起环境污染的设备、装置，即产污设备（设施）也应当被考虑。因此，除了建立排污单位条码外，还应该对排污单位中的产污设备进行统一的编码，并建立全国唯一的产污设备基本档案，更有利于对污染源产污环节进行监管和统计分析。

除了产污环节，根据我国污染源自动监控、监督性监测、排污申报等环保业务的需求，排污单位中的废气排放口、污水排污口、噪声排放源也应当纳入污染源条码的编码范畴，研究统一的污染源排污口编码规则，同时建立排污口基本情况档案。甚至可以考虑将排污口编号用二维条码体现在排污口标志牌中，环保执法人员可以在现场通过扫描标志牌中的二维条码快速读取排口的基本信息及相关的监控、监测数据。

此外，排污单位的污染防治情况也是污染源监管的重要环节。结合国家总量控制、工程减排的需求，排污单位的污染物处理设施也应当纳入条码编码范畴，建立全国唯一的污染物处理设施编号并建立污染物处理设施的基本档案。

综合以上思考，除了污染源条码编码（及排污单位的代码）外，还可以进一步对其进行扩充，将属于污染源范畴的产污设施条码、排污口条码、污染物处理设施条码作为污染源条码的扩充部分加入到污染源条码编码体系中。另外，为了建立全国唯一的污染源基本档案库，可以结合排污单位污染源数据、基础地理空间数据建立全国污染源空间数据库。将排污单位的代码、产污设施、排污口和污染物处理设施的条码作为数据库查询入口，建立基于条码的查询和分析。这是对污染源监管进行顶层设计的一个重要方面，可以促进污染源的管理更精细、更规范、更科学。污染源条码编码体系框架如图 6-16 所示。

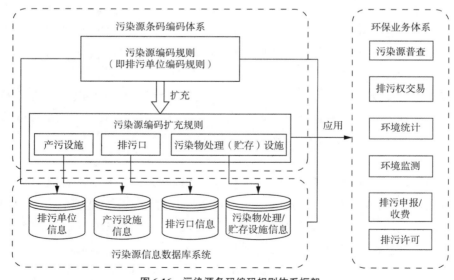

图 6-16　污染源条码编码规则体系框架

排污单位条码适用于全部工业源和城镇生活源的企业，以及农业源中的规模化畜禽养殖场、养殖小区，还有污水处理厂、垃圾处理厂、危废/医废集中处置厂等。

排污单位产污设备条码主要可用于环境统计、减排核查和污染源普查，是对企业主要产污的生产设备进行唯一身份编码，例如火电厂的机组，水泥厂的炉窑，钢厂的烧结机、球团设备以及锅炉设备等。

排污单位排放口条码可用于排污许可、排污申报和污染源在线自动监控等，是对排污单位废水、废气排放口的唯一身份代码。

排污单位治污设施条码同样可用于环境统计、减排核查和污染源普查，是对企业内部的废气、废水、烟尘等污染防治设施进行唯一身份编码，主要标识对象是排污单位的脱硫、脱硝、除尘、污水处理等治污设备。

污染源信息数据库用来存储与排污单位、产污设施、排污口以及污染物处理（贮存）设施相关的信息，这些信息可以通过对应条码作为查询入口，并结合基础地理数据库和其他污染源属性数据库进行空间分析和专题图制作。

6.3 污染源编码及扩充规则方案

6.3.1 排污单位（固定污染源）编码

▶ 6.3.1.1 赋码对象

排污单位（固定污染源）编码的赋码对象主要指赋有或承担排污责任的组织机构，包括企业、事业单位、机关、社会团体及其他依法成立的单位。对多法人组成的企业集团、集团公司等联合性企业，按单个法人的单个产业活动单位为基本赋码单位。

▶ 6.3.1.2 编码规则

排污单位（固定污染源）编码分为主码和副码。

（1）排污单位（固定污染源）主码

也称为排污许可证代码，主要起到唯一标识该排污许可证唯一责任单位的作用。排污许可证代码由如图6-17所示三部分组成。

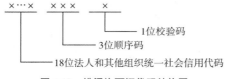

图6-17 排污许可证代码结构图

1）第一部分（第1~18位） 排污单位统一社会信用代码，参照《法人和其他组织统一社会信用代码编码规则》（GB 32100）。若排污单位既无统一社会信用代码也无组织机构代码，使用"H9"、许可证核发机关行政区划码（6位阿拉伯数字）、"0000"、同一许可证核发机关行政区划码内统一的顺序码（5位阿拉伯数字）以及1位英文字母码（a~z，除o与i之外的24个小写英文字母）共18位表示。若排污单位无统一社会信用代码但有组织机构代码，使用"H9"、许可证核发机关行政区划码（6位阿拉伯数字）、9位组织机构代码以及1位英文字母码（a~z，除o与i之外的24个小写英文字母）共 18 位表示。其中，许可证核发机关行政区划码参照《中华人民共和国行政区划代码》（GB/T 2260）。

2）第二部分（第 19～21 位）　同一个统一社会信用代码单位的不同固定污染源的顺序号，使用 3 位阿拉伯数字表示，满足赋码唯一性。

3）第三部分（第 22 位）　校验码，使用 1 位阿拉伯数字或字母表示。

（2）排污单位（固定污染源）副码

也称为排污许可证副码，主要用于区分同一个排污许可证代码下污染源所属行业，当一个固定污染源包含两个及以上行业类别时，副码也对应为多个。排污许可证副码用 4 位行业类别代码标识，结构如图 6-18 所示。

图 6-18　排污许可证副码结构图

行业类别代码，由 4 位数字组成，参照《排污许可分类管理名录》中行业类别代码，名录中没有的，参照《国民经济行业分类》（GB/T 4754）中行业类别代码。

6.3.1.3　编码示例

综合以上规则，以某钢铁联合有限责任公司的排污许可证代码为 91130230780837126 8001P，各码段含义如图 6-19 所示。

1～18	19	20	21	22
911302307808371268	0	0	1	P
排污单位统一社会信用代码	排污单位统一的顺序码		校验码	

(a) 排污许可证代码示例

1	2	3	4
3	1	1	0
行业类别代码			
炼铁（含烧结、球团）			

1	2	3	4
3	1	2	0
行业类别代码			
炼钢			

1	2	3	4
4	4	1	1
行业类别代码			
火力发电			

1	2	3	4
2	5	2	0
行业类别代码			
炼焦			

(b) 排污许可证副码（分别为 3110、3120、4411、2520）

图 6-19　各码段含义

6.3.2　产污设备/设施编码

（1）赋码对象

排污单位中直接或间接产生和排放污染物的主要设备、装置。例如，锅炉，工业炉窑，纸浆、造纸、水泥生产线等。

（2）编码规则

产污设备/设施代码组成如图 6-20 所示，代码总体上由产污设备/设施标识码和流水顺序码 2 部分共 6 位字母和数字混合组成。

1）第一部分（第 1～2 位）　产污设备/设施的编码标识，使用 2 位字母 MF（英文 manufacture facility 的首位字母）表示。

图 6-20 产污设备/设施代码结构图

2）第二部分（第3～6位） 全单位统一的产污设备/设施流水顺序码，使用4位阿拉伯数字。

（3）编码应用

在实际应用中，特别是通过信息化手段管理时，建议按"排污单位（固定污染源）编码规则 + 产污设备/设施编码规则"的方式生成全国唯一的产污设备/设施编码。因为按照"排污单位编码规则"可以保证排污单位的编码全国唯一，而按"产污设备/设施编码规则"可保证单位内的产污设备/设施也是唯一的。这样就可以保证全国任意排污企业中的任何一套产污设备/设施编号全国唯一，并且可以用这个编号关联设备的基本特征信息（如规模、容量、投产时间等），建立全国产污设备的基本信息档案。

（4）编码示例

综合以上规则，以某钢铁联合有限责任公司炼铁行业某生产设施代码为 MF0001，如图6-21 所示；该设施全国唯一代码为 911302307808371268001P3110MF0001，如图6-22所示。

1	2	3	4	5	6
M	F	0	0	0	1
生产设施标识码		全单位统一的生产设施流水顺号			
生产设施标识码		第1号生产设施			

图 6-21 某生产设施编码

1～22	23～26	27	28	29	30	31	32
911302307808371268001P	3110	M	P	0	0	0	1
排污许可证代码	排污许可证副码	生产设施标识码		全单位统一的生产设施流水顺号			
某钢铁联合有限责任公司	炼铁行业	生产设施		第1号生产设施			

图 6-22 某生产设施全国唯一编码

6.3.3 污染物处理/贮存设施编码

（1）赋码对象

排污单位内部建设使用的大气污染物处理设施、工业废水处理设施、生活污水处理设施、畜禽养殖贮存处理设施。

（2）编码规则

污染物处理/贮存设施代码组成如图6-23所示，代码由标识码、环境要素标识符和流水顺序码3个部分共5位字母和数字混合。

1）第一部分（第1位） 污染物处理/贮存设施的编码标识，使用1位字母 T

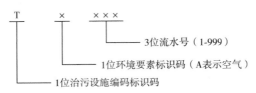

　　3位流水号（1-999）

　　1位环境要素标识码（A表示空气）

　　1位治污设施编码标识码

图6-23　污染物处理/贮存设施代码结构图

（英文 Treatment 治污的首位字母）。

　　2）第二部分（第2位）　环境要素标识符，使用1位英文字母（英文 Air 首位字母 A 表示空气，英文 Water 首位字母 W 表示水，英文 Noise 首位字母 N 表示噪声，英文 Solid waste 首位字母 S 表示固体废物）表示。

　　3）第三部分（第3~5位）　全单位统一的污染物处理/贮存设施流水顺序码，使用3位阿拉伯数字。

　　使用时固定污染源代码与污染物处理/贮存设施构成该处理/贮存设施的全国唯一代码。

　　（3）编码应用

　　污染物处理/贮存设施编码的设计目的在于监督排污单位污染物处理设施建设和运行的状况，主要可用于减排核查核算、环境统计等业务。与"产污设施编码规则"应用方式类似，根据本文提出的污染物处理/贮存设施编码，按照"排污单位编码规则＋污染物处理/贮存设施编码规则"的方法生成全国唯一的污染物处理/贮存设施编号。通过编号准确关联排污企业的污染物处理/贮存设施基本信息档案，可以在减排核查、污染防治等方面发挥更大的作用。

　　（4）编码示例

　　某钢铁联合有限责任公司炼铁行业某废气治理设施代码为 TA0001，如图6-24所示；该设施全国唯一代码为 91130230780837126800lP3110TA0001，如图6-25所示。

1	2	3	4	5
T	A	0	0	1
治理设施标识码	环境要素编码	按环境要素分的治理设施流水顺号		
治理设施标识码	空气	第1号空气治理设施		

图6-24　某废气治理设施代码

1 ~ 22	23 ~ 26	27	28	29	30	31
91130230780837126800lP	3110	T	A	0	0	1
排污许可证代码	排污许可证副码	治理设施标识码	环境要素编码	按环境要素分的治理设施流水顺号		
某钢铁联合有限责任公司	炼铁行业	治理设施标识码	空气	第1号空气治理设施		

图6-25　某污染治理设施全国唯一代码

6.3.4　排污口编码

（1）赋码对象

排污单位中有组织的废气排放口、废水排放口、固废排放口和噪声排放源。

（2）编码规则

排污口代码组成如图 6-26 所示，代码由标识码、排污口类别代码和流水顺序码 3 个部分共 5 位字母和数字混合组成。

图 6-26　排污口代码结构

1）第一部分（第 1 位）　排污口的编码标识，使用 1 位英文字母 D（Discharge outlet 的首个字母）表示。

2）第二部分（第 2 位）　环境要素标识符，使用 1 位英文字母（A 表示空气，W 表示水）表示。

3）第三部分（第 3～5 位）　全单位统一的排污口流水顺序码，使用 3 位阿拉伯数字。

（3）编码应用

排污口编码在排污申报、污染源监测、排污许可证等环境监管业务中有应用需求。例如，国家环境保护法律和标准对排污口的规范和设立排污口标志牌有具体要求，即排污口标志牌中应标注排污口（排放源）编号。而当前排污口的编号由地方环保行政部门自行编码，编码规则不统一，难以保证排污口编号全国唯一。

根据本书提出的排污口编码规则，按照"排污单位编码规则 + 排污口编码规则"的方法可以保证生成全国唯一的排污口编号。

通过这个全国唯一的排污口编号关联排放口基本信息档案，可以更高效地实现对排放口基本信息和数据的管理和共享。在排污口标志牌中还可以引入二维条码技术，在标志牌中印上含有企业排污口编号信息的二维条码图案，即可以通过扫描二维条码与远程数据库通信，实现排污口及排污单位信息的快速获取，有助于提高现场环保执法和监督工作的效率。

（4）编码示例

某钢铁联合有限责任公司炼铁行业某废水排放口代码为 DW001，如图 6-27 所示；该排放口全国唯一代码为 91130230780837126800IP3110DW001，如图 6-28 所示。

1	2	3	4	5
D	W	0	0	1
排污口标识码	环境要素编码	按环境要素分的排污口流水号		
排污口标识码	废水	第 1 号废水排位口		

图 6-27　某废水排放口代码

1～22	23～26	27	28	29	30	31
911302307808371268001P	3110	D	W	0	0	1
排污许可证代码	排污许可证副码	排污口标识码	环境要素编码	按环境要素分的排污口流水号		
某钢铁联合有限责任公司	炼铁行业	排放口标识码	废水	第1号废水排位口		

图6-28 该废水排放口全国唯一代码

6.4 排污单位条码应用操作建议

6.4.1 支撑建立污染源名录及基本信息库

污染源数据是重要的基础环境数据，污染源数据库是对减排统计重点调查单位条码的补充。

排污单位污染源数据具有空间属性特征，可以采用 GIS 技术将具有位置属性的污染源进行空间化，并进行可视化制作成污染源空间分布专题图。采用空间信息技术对污染源数据进行管理分析能够有效地挖掘污染源空间信息，同时将形成的污染源空间专题数据和成果进行发布，实现专题成果的信息共享与服务，对推动污染源空间数据的共享使用、避免重复建设具有重要意义。

▶ 6.4.1.1 污染源信息系统架构设计

为了提高环境监管工作的效率，避免污染源信息重复填报、多次审核，以及环保系统内数出多门、数据一致性差、客观性弱的现实问题，将污染源相关数据进行统一和一致是必要的，也是今后的发展趋势。因此，从建立可供环保各部门统一调取的国家污染源基础数据库入手，通过实现污染源基本信息的统一，然后将环境统计、排污申报等不同环保业务的数据，通过污染源编码体系与污染源基础数据库进行紧密衔接。在此基础之上扩充数据库功能，并结合基础地理空间数据库和生态环境功能空间数据库建立污染源空间数据库，实现空间分析和专题制图。

污染源信息管理系统设计可采用分层架构，从逻辑上分为数据资源层、功能服务层和应用表现层，如图6-29所示。

1）数据资源层 由污染源普查业务数据库、排污申报业务数据库、污染源监测业务数据库、环境统计业务数据库、全口径减排核算业务数据库，以及属性字典/元数据数据库和基础地理数据库等组成，并通过污染源编码体系作为统一入口，形成国家污染源基本信息库。

2）功能服务层 是这些数据在逻辑上的应用，不仅包括数据建库、数据管理、数据查询和数据维护等基本数据操作，还包括地图代数、空间分析、制图输出等空间操作。

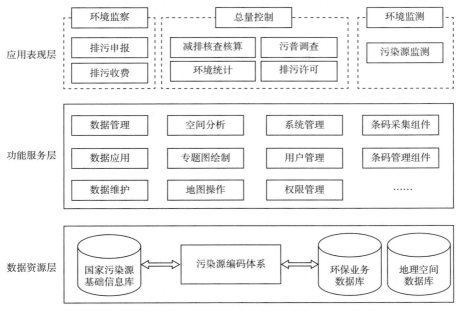

图 6-29 污染源基本信息系统结构

3）应用表现层 通过用户接口实现污染源信息的查询、可视化以及制图输出等功能。整个数据库体系由污染源条码作为统一入口，从而支撑其他环保业务运行。

> **6.4.1.2 污染源综合信息平台系统功能设计**

污染源综合信息平台框架由污染源代码管理系统，污染源基本档案系统、污染源监管业务系统、污染源地理背景信息系统组成，如图 6-30 所示。污染源代码管理系统负责对全国污染源代码的生成、登记、发放和注销，基于本书提出的编码方案，污染源代码涉及排污单位、排污设备、排污口、污染物处理/贮存设施四类对象。污染源基本档案系统负责维护不同污染源监管业务（如环境统计、排污申报、排污许可、污染源普查和监测等）共同关注的污染源基本情况信息，包括排污企业的基本情况、生产工艺情况、产污设备情况、排污口情况、污染物处理装置情况等。污染源基本档案系统可改变目前"多部门重复采集"的模式为"统一采集，多部门共用"的新模式，有助于避免污染源信息化管理的重复投入与维护。污染源监管业务系统面向不同的监管角度和部门由若干具体的业务子系统构成，如污染源普查业务子系统、环境统计业务子系统、排污申报业务子系统等。污染源地理背景信息系统则结合了遥感（RS）、地理信息系统（GIS）和空间定位技术负责基础地理背景信息、生态环境空间信息和遥感及其反演产品信息的管理，在评估污染物排放对我国生态环境和人类健康的影响等方面具有辅助分析和决策的作用。基于条码制的污染源名录库和数据库的动态更新，建立污染源条码采集及管理组件，将污染源条码信息扩充技术方法应用于污染源信息管理的全过程。

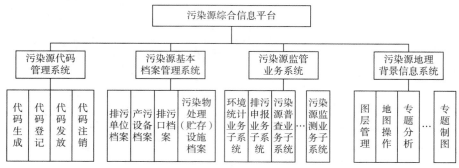

图 6-30　污染源综合信息平台系统组成

6.4.1.3　污染源基本档案信息库设计

污染源数据库中，可将污染源属性数据与基础地理空间数据、生态环境功能数据和遥感影像相结合，建立污染源专题空间数据库，并将空间分布与污染源信息关联，从而实现数据查询、专题图的制作以及空间可视化分析。

对于污染源专题属性数据库，可基于环境业务基础数据库和污染源普查专题数据库进行分类、汇总，并抽取必要的指标属性，形成污染源属性数据库。对于污染源空间数据库，可通过对带有地理空间坐标的污染源数据库进行筛选和整理，从而建立污染源专题空间数据库，从而支持空间分析等操作。以上两类数据库可以为污染源专题图的制作和发布提供数据支持，形成国家污染源基础信息库。

另外，根据污染源编码体系建立污染源条码基础数据库，作为污染源基础信息库和环保业务数据库之间的接口，通过统一的条码化作为污染源信息查询的入口，进而快速、方便地对各类污染源信息进行查询、修订。

污染源基本档案信息库整体构架如图 6-31 所示。

污染源基本档案信息库中包含了多种数据来源，按照数据的功能可划分为基础地理信息数据和污染源信息数据两部分；再根据数据类型将基础地理信息数据分为空间数据和栅格数据，把污染源信息数据分为污染源属性数据和污染源空间数据，数据的主要内容和划分结果如表 6-5 所列。

空间数据库包括基础地理空间数据库，如行政中心分布空间数据库、行政边界空间数据库、土地利用（土地覆盖）空间数据库、道路交通空间数据库、湖泊水系空间数据库以及地形地貌空间数据库等。这几类数据属于基础地理空间数据，这些数据为实现污染源的管理业务提供客观地理信息，能有效地辅助决策者实施相关环境管理。生态环境空间数据库，包括重点水源涵养区、重点土壤保持区、重点防风固沙区、重点洪水调蓄区、生物多样性保护区、国家自然保护区、国家重点生态功能区等生态环境区。生态环境区可以明确对保障国家生态安全有重要意义的区域，以指导我国生态保护与建设、自然资源有序开发和产业合理布局。

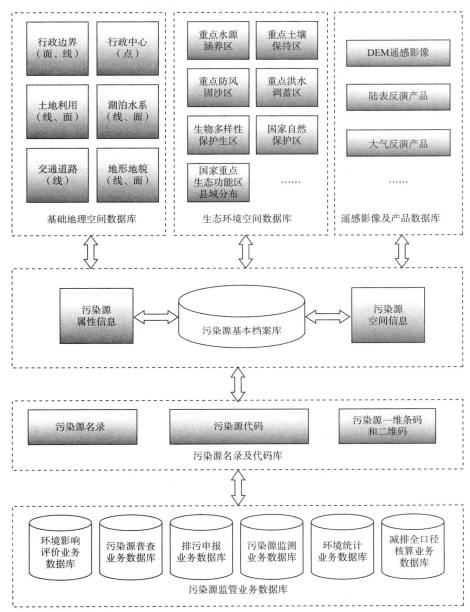

图 6-31　污染源基本档案信息库

表 6-5　污染源基本档案信息库的组成

基础地理信息库	空间数据库	行政边界，行政中心，交通道路，湖泊水系，土地利用，地形地貌……
		重点水源涵养区，重点土壤保持区，重点防风固沙区，重点洪水调蓄区，生物多样性保护区，国家自然保护区，国家重点生态功能区县域分布……
	遥感影像及产品	DEM 遥感影像，陆表反演产品，大气反演产品……

		排污单位厂界信息
污染源 基本档案 信息库	污染源空间 数据子库	废气排放点位置信息
		废水排放点位置信息
		固体废弃物分布信息
		污染源监测点位信息
	污染源属性 数据子库	企业基本情况信息
		生产工艺及产品信息
		污染物排放种类信息
		产污设备基本信息
		排放口基本信息
		污染物处理设施基本信息
		分类代码表
		数据字典表

污染源分布空间数据库主要包括污染源基本空间分布信息，这些污染源分布信息包括了各类污染源的空间分布情况、污染源排污情况、污染源分布等，是进行空间分析的核心数据。具体包括废气排放污染源分布信息、固体废弃物污染源分布信息、废水（氮、氨等）排放污染源分布信息、污染监测点分布信息、排污单位厂界信息等，在空间上表现为点状要素。这些信息主要与排污单位编码、排污口编码相关联。

污染源属性数据库是将各个环保业务数据库进行分类、汇总，并从中抽取出必要的属性信息指标，主要包含企业基本情况信息、生产工艺及产品信息、污染物排放种类信息、产污设备基本信息、排放口基本信息、污染物处理设施基本信息等。另外，属性数据还包括条码化过程中使用的各种代码表和采用字典编码方式中使用的属性数据字典表。这些信息主要与排污单位编码、产污设备编码、排污口编码、污染物处理设施编码相关联。

污染源基本档案信息库建设与应用建议

（1）污染源条码适用范围

排污单位身份条码适用于全部工业源和城镇生活源的企业，以及农业源中的规模化畜禽养殖场，还有污水处理厂、垃圾处理厂、危废/医废集中处置厂等。针对养殖小区等其他污染源情况，统一纳入"非企业活动主体身份条码"，根据污染源的范围、性质等按类别建立条码的编码规则。

排污单位产污设备条码主要可用于环境统计、减排核查和污染源普查，是对企业主要产污的生产设备进行唯一身份编码，例如火电厂的机组，水泥厂的炉窑，钢厂的烧结机、球团设备以及锅炉设备等。

排污单位排放口条码可用于排污许可、排污申报和污染源在线自动监控等，是对排污单位废水、废气排放口的唯一身份编码。

排污单位治污设施条码同样可用于环境统计、减排核查和污染源普查，是对企业内部的废气、废水、烟尘等污染防治设施进行唯一身份编码，主要标识对象是排污单位的脱硫、脱硝、除尘、污水处理等治污设备。

（2）环保业务部门共同参与

为了提高数据质量和数据时效性，在建立污染源信息数据库过程中必须发挥环保业务各部门的合作，广泛收集污染源相关信息，充分利用环境统计、污染源普查、排污申报等现有的信息资源，将各业务部门所掌握的污染源信息及时增加到污染源信息数据库中。

通过不同部门之间的协调配合，将各部门所掌握的孤立的污染源信息进行集中存储、在线共享，使各部门都可以方便、及时、准确地从基础数据库中获得所需信息，最大限度地满足环境管理和环境执法的需要。同时，在各部门共同使用数据过程中不断监督和提高数据的准确性，使这一重要的污染源信息资源得到进一步优化和提高。

（3）开展污染源信息的统一采集

环保部门应尽快将目前重复发放、重复填报的有关报表进行合并，重新设计一套指标全面、体系完整的污染源信息综合报表，由环境监察机构统一从排污单位采集有关数据，变多头重复采集为统一采集、多方使用，最终实现一套报表、一套数据。

信息采集过程中，可利用污染源条码自动识读出污染源的基本信息，找到对应的数据库入口。通过污染源身份条码才能使污染源普查，环境统计，排污申报、许可、收费等各类数据信息衔接起来，实现"一源一档"的基础支撑，即为每个污染源形成一套全面的、全过程的、动态的、综合的数据信息档案，为环保系统内部信息交换以及对外信息公开建立技术和规范基础。

（4）加快发展环境信息标准化

统一的数据格式是实现各信息系统互联互通、促进污染源信息共享的前提条件，为促进污染源信息资源的有效整合和深度开发利用，环保部门必须加强环境信息的标准化与规范化建设，制定和规范相关数据口径、建立统一的数据标准，在数据库的结构设计上做到通用化、标准化和实用化，确保数据在各个环节的一致性，避免相互冲突。

在应用系统的开发上要遵循"一体化"原则，按照统一规划、统一建设的要求进行集成化开发，将各应用系统分散的异构数据库整合为一个公用的基础信息库，依托网络实现污染源基础数据可由各应用系统快速、高效、便捷地共享，保证数据准确、安全和及时传送，满足环保部门各种类型数据查询和多层次数据加工的需要，提高现有信息资源的利用水平，更好地发挥环境信息化投资效益，为实施科学化、精细化管理提供有力支持。

6.4.2　污染源条码管理操作建议

▶6.4.2.1　污染源条码发码流程建议

（1）排污单位身份条码的发码部门和流程

排污单位身份条码的发码部门，主要考虑形成污染源后首先与环保系统形成业务关系的部门。因此，建议可在企业办理排污许可手续之前或过程中由对应的环保部门生成排污单位身份条码及其产污设备条码、治污设施条码和排放口条码。

发码的流程首先是由生态环境部制定统一的污染源身份条码编码规则和码制方案，并向各级环保部门下发污染源身份条码管理软件。具体发码实施落实在县区级环保部门，因为县区级环保部门最清楚所辖区域排污单位的详细情况，生成的污染源身份条码最终需经过省级环保部门复核，然后报备国家环保主管部门。污染源的关停、变更需同时进行排污单位身份条码的注销、变更手续，并保证历史污染源信息可追溯。

（2）污染源编码发码的管理

研究确立污染源代码证制度，作为污染源编码发放的途径。污染源代码证由生态环境部监制，提供正本和副本（正本可用于悬挂），并对重点污染源履行污染源代码证年审制度。在污染源代码证上除提供污染源编号（即排污单位编号）、产污设施编号、排污口（排放源）编号、污染物处理设施编号的文本字样外，还提供条码图案。可用于排污单位办理各项行政审批手续，特别是报表填报中通过扫码快速确认污染源的身份信息。

排污企业及其产污设施、排放口、污染物处理/贮存设施的基本信息变化需及时持污染源代码证到发码部门进行污染源基本信息档案的变更。

排污单位被淘汰、关停、倒闭消亡时，需到发码部门进行污染源代码的注销，并交回污染源代码证，其污染源编号不得再分配给其他污染源。

污染源编码及污染源基本信息档案的初次登记、变更和注销业务由排污单位所辖区县级环保行政主管部门的发码机构负责受理，并经过下列程序审定后完成：国控重点污染源由上级的省环保行政主管部门的发码机构审定，省控重点污染源由上级的地市环保行政主管部门的发码机构审定，其他污染源由县级环保行政主管部门的发码机构审定，如图6-32所示。各级污染源发码机构受理业务所使用的信息化设施基于云计算技术由生态环境部统一建设、培训、部署和维护。

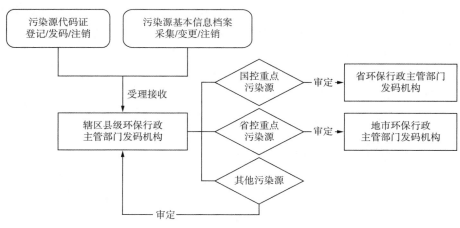

图 6-32　污染源代码受理接收和审定流程

▶ 6.4.2.2 污染源条码应用保障条件

污染源编码规则体系是统一数据交换口径，实现各类污染源数据和信息互联互通，促进环保各部门污染源信息资源有效整合和深度开发利用的基本规范标准，为了充分发挥其优势作用还需要以下2个保障条件。

（1）统一建立环保系统内多部门共用的污染源基本信息档案，实现"一源一档"

"一源一档"需要由环保各部门共同参与，将各部门重复填报的污染源基本情况的报表信息，进行合并和统一，建立多部门共用的污染源基本信息档案。档案包括排污企业的基本信息、产排污设施基本情况、企业排放口基本信息、污染物处理/贮存设施基本情况等。并利用本文提出的污染源编码规则体系对排污企业、产污设备、排污口和治污设施四类对象进行全国唯一编码管理。按照"一个污染源，一套基本信息档案"的方式建立国家、省、市、区县分级共用的污染源基本信息档案库。

（2）确立污染源编码的权威性，保障污染源编码及对应污染源基本信息档案的统一集中管理

与全国组织机构代码由专门的机构来负责发放、维护一样，污染源编码的管理和发放应由专门的环保业务部门或现有环保部门中的单个部门负责。污染源编码（具体包括排污单位编码、产污设施编码、排污口编码、污染物处理/贮存设施编码）并不是一种随意、无关的数字代码，而是像居民身份证一样对污染源具有重要的身份标识作用，贯穿整个污染源生命周期的全过程，不容许随意更改。污染源编码关联的污染源基本信息档案就像身份证号关联居民户口簿一样是污染源重要的基础档案。污染源基本档案信息的采集应改变当前多个环保业务部门重复采集的现状，由专门的一个环保业务部门采集和维护，同时提供给其他环保业务部门共享共用。

第7章

污染源条码体系在环境
统计工作中的应用

~~~~~~

7.1　污染源条码在环境统计工作应用的必要性分析

7.1.1　不同主体对环境统计需求分析

▶7.1.1.1　环境统计数据用户分类

从全社会来看，对环境统计的需求主体可以概括为政府部门、企业、公众和其他社会组织四大类。由于各主体的性质不同，对环境统计信息的需求也有较大差异，具体如下。

（1）政府部门

政府部门是环境统计工作的主体，同时也是环境统计数据主要服务对象，在环境统计中主要负责制定统计制度，组织实施统计工作，开展统计数据分析以及公布统计结果等工作。这意味着政府部门在环境统计工作中承担了数据生产者和使用者双重身份，其中中央政府部门是环境统计数据级别最高的生产者和使用者，其角色作用在于可组织地方环境保护部门按其要求开展环境统计工作，同时也是国家宏观政策主要制定者。因此在政府部门这一用户中，将对中央政府部门和地方政府部门进行划分，分别讨论两类政府部门对环境统计数据诉求。

（2）企业

在现行的环境统计制度中，企业作为最基层的环境统计数据用户，按政府部门要求进行环境统计数据的填报。如果说中央政府部门是环境统计数据高级生产者，地方政府部门是次级生产者，那么企业则是最初级的环境数据生产者，尽管企业处于整个环境统计制度金字塔的最下层，但却是决定整个环境统计制度金字塔好坏的关键。

（3）公众

随着公众环境意识和环境权益意识的不断提高，对环境信息的需求也越来越高，尤其是与公众自身紧密相关的环境信息，为维护和保障自身健康，公众对居住环境周边环境质量信息需求不断提高，对环境统计工作的关注也越来越多。

（4）其他社会组织

主要包括科研机构和高校等，其信息需求主要是为相关的研究和教育工作提供数据信息。

▶7.1.1.2　政府部门环境统计数据需求

作为社会经济的管理者的国家（政府）管理机关，担负着制定经济政策、进行宏观调控、配置社会资源的职责。他们需要掌握企业及其所在地区的环境保护和污染治理情况、环境方针和策略的执行情况、环境收益情况等事项，因此其对环境统计数据需求可分为数据获取需求、数据质量需求以及数据应用需求。

（1）数据获取需求

数据的获取需求是指环境统计数据的是否存在合理的获取渠道，使中央政府在数据的获得上不存在障碍。环境统计数据不仅仅服务于环境部门，同时也服务于其他中央政府部门，为政府部门提供环境统计数据产品。环境统计数据要经历企业－地方环境保护部门－国家环境保护部门的逐级统计、审核，其过程相对复杂且漫长，而环境统计数据具有时效性，因此数据的获得速度成为了制约环境统计数据时效性的主要因素。对于环境保护部门，需要使"企业－地方环境保护部门－国家环境保护部门"环境统计数据上报过程畅通，在该过程中不受其他干扰，迅速获得环境统计信息，完成环境统计工作。而对于其他中央政府部门，则希望方便快速地获得环境统计数据。

（2）数据质量需求

环境统计数据可以为国家宏观决策提供优质服务，而优质的数据服务前提是高质量的环境统计数据。相比其他用户，政府更需要高质量的环境统计数据。环境统计数据一方面为政府的宏观决策提出有力的数据支持，另一方面也可以直观体现环境治理效益。例如，在制定政策前环境统计数据可以为政府提供有效的数据参考，而在政策实施后环境统计数据也可以成为评判政策效益的依据。因此，环境统计数据质量对政府部门是非常重要的。

（3）数据应用需求

政府部门对数据应用需求是指，政府部门期望得到可以为其使用的数据，即环境统计数据可以直接或间接地应用于政府部门。这就需要环境统计数据不再单纯是一个数字，或是多年不变的指标，而是可以随时被政府部门所获得并利用的信息产品。

▶7.1.1.3　企业环境统计数据需求

包括数据相关性需求、数据时效性和数据质量需求。

（1）数据相关性需求

环境统计数据量庞大，指标较多，企业所能看到的环境统计数据都停留在较为宏观的层面，虽然这些信息对于企业来说也很有价值，但是企业更加关心和自己所处的细分行业密切相关的数据和信息。企业经营者可以通过企业内部来获得环境信息，对内部环境信息所反映的企业情况做出判断并据此进一步改善企业经营管理，除此之外企业管理者也需要从外部获取环境信息，这些外部信息一般都与企业自身利益密切相关，例如环境成本和环境效益是企业经营者最关心的数据。环境成本和环境效益信息是企业经营者进行环境决策的重要考察因素，企业经营者不但要关注环境成本和环境效益本身，还要关注环境成本和环境效益的取得对企业经济利益的影响，通过对各种方案的评估来进行决策。而环境成本和环境效益并不能从企业内部直接获得，更多的是需要通过外部环境信息对企业环境成本和环境效益进行评估，例如企业经营者希望得到同行业环保投入和环境效益信息，用以衡量企业自身在行业中的水平，了解该行业环保投入信息，更好地制定企业环保投入方向和策略，从而更好地促使企业实现清洁生产目标。

（2）数据时效性

企业因其自身的利益特性，其希望可以快速获得任何信息，其中包括环境统计数据。这就要求环境统计数据具备时效性，可以快速完成生产周期上市，为企业所利用。此外，与企业相关的一些利益集团，例如投资商、债权人，他们也迫切地希望可以尽早获得数据，用以判断企业环境效益，以及行业环保投入趋势。

（3）数据质量需求

企业获取环境信息的目的是为了改善经营决策，降低经营成本，提升企业竞争力。所获取信息的质量对于企业的生产经营决策具有至关重要的影响。因此，企业对数据质量的要求较高。

▶ 7.1.1.4　其他社会主体

主要包括数据需求的多样性、数据可获得性和数据需求的时效性。

（1）数据需求的多样性

这是有此类主体构成的复杂性程度决定的。由于社会主体的构成多样，包括各类NGO 组织、社会组织、高校、科研机构等，不同群体对环境数据的需求多样，因此对环境统计数据的提供方来说，需要根据不同主体需求提供多样化的甚至是定制的服务。这就需要对现行的数据提供方式和运作机制进行改革，同时在技术上也需要根据不同的需求对数据进行二次开发和深入挖掘。

（2）数据可获得性

即能不能以较低的成本获取所需数据。由于环境统计数据产生于政府部门，其发布和共享取决于政府机构的工作效率和模式。目前其他社会主体获得信息的方式主要是年报，属于纸质的正式出版物，在一定程度上能够满足用户需求。但随着互联网技术的发展，实时发布电子数据并可以通过互联网自由和免费下载已经成为趋势。

（3）数据需求的时效性

主要是对数据时效性的需求，尽管不像政府决策需求那样对时效性有较高要求，但由于涉及主体较多，不同主体对数据时效性的要求也不一致，因此也需要针对重点需求在数据信息发布和共享上提高对不同需求的满足程度。

▶ 7.1.1.5　公众环境统计数据需求

主要包括数据的可获得性、数据的可解读性、数据的真实性和数据的参与性。

（1）数据可获得性

公众作为环境统计数据用户，首先需要的是数据获取渠道，跟政府部门对数据可获得性的要求不同，公众希望可以从更多渠道获取环境统计信息，这就意味着公众对政府发布环境统计信息的方式提出了要求。在互联网时代，公众除了希望从媒体、公共出版物上获取环境统计数据，更希望可以在互联网上方便地获取他们所需要的信息。除此之外，对于政府未公开但公众希望获取的数据，也应该采取合适的方法保障公众的合理要求。

（2）数据的可解读性

环境统计中存在许多专业用语，特别是一些指标名词，对公众来讲晦涩难懂，但随着公众对环境统计数据诉求越来越高的同时，他们对环境数据的可解读性要求也越来越明显。公众希望可以得到可理解的数据、指标解释，希望更直观地感受到指标或是数据的意义，他们需要从数据与真实感受中找到对应关系，例如帮助他们建立废气污染物排放量与真实空气质量变化关系。

（3）数据的真实性

公众作为环境统计数据用户，对数据的真实性是有很高要求的。公众希望所看到的数据是真实可靠的，此外公众是具有获得真实数据的权利，而政府也同样负有提供真实可靠的环境统计数据的责任。

（4）数据的参与性

在环境统计工作中，公众仅是作为数据的使用者，并不参与数据的生产过程，但随着公众对社会性事物参与意识的不断增强，对环境统计工作提出了更多的参与性要求。例如公众在使用环境数据后建立反馈机制，公众可以对数据进行评价，或是对环境统计工作提出意见，帮助政府部门更好的完善环境统计制度；另一方面，公众也可以参与环境数据生产过程，成为数据生产过程的监督者，用以保证数据的真实性。除了普通公众外，近年来兴起的社会 NGO 组织，或是环保人士则对数据的参与性有更高的诉求，希望通过环境统计数据更好的监督职能部门做好环境保护工作。

7.1.2　环境统计对污染源条码的需求

环境统计是用数字反映并计量人类活动引起的环境变化以及环境变化对人类影响的工作。环境统计为政府部门制定经济发展策略、环境政策和环境规划，预测环境资源的承载能力等提供依据。环境统计的任务是对环境状况和环境保护工作情况进行统计调查、统计分析，提供统计信息和咨询，实行统计监督。环境统计的内容包括环境质量、环境污染及其防治、生态保护、核与辐射安全、环境管理及其他有关环境保护事项。

污染源数据是进行环境管理与决策的重要基础资料，只有全面、客观、准确地掌握污染源的各类数据信息，才能更科学地指导并推进我国的节能减排、低碳发展战略。由于污染源数据的采集、上报、校核、存储等工作一直分散在不同的环境监管业务部门，因此，相关污染源数据和信息共享程度较低。不同业务部门自行建设的污染源数据库管理软件和系统在技术上缺乏一致的信息录入和数据访问接口规范，容易形成信息孤岛，加大了不同部门之间数据比对、整合和深度分析的难度。同时，排污单位针对不同的目的而向不同环保业务部门重复上报不同的数据，也容易导致同一污染源的多套数据之间一致性较差。因此，根据环境统计职能以及环境管理不断发展的需求，必须建立统一的污染源信息平台，形成在环保各部门间通用和一致的污染源唯一身份代码。

污染源条码是将环境污染源赋予一定规律性且易于计算机和人识别与处理的符号，并形成可自动识读的信息载体。污染源条码首先需要实现对污染源的统一编码，建立唯一、稳定、不变的身份标识代码。因此，面向污染源产生、排污许可、现场监督、治理、注销全过程的管理，需要制定一套统一完整的污染源编码规则体系，建立跨部门共用的污染源基本信息档案库。同时，依靠污染源条码及其关联的污染源基本信息库，更有助于从全局层面综合考虑污染源监管体系，推进污染源数据、报表、资料等信息的顶层设计，深度优化各类污染源数据信息的整合。

7.1.3　条码在现行环统领域的总体应用分析

综上对各类主体环境统计数据需求的分析，可以将各类主体对环境统计数据的需求概括为四大类：一是对数据提供的差异化需求；二是对数据提供质量的需求；三是对数据提供时效性的需求；四是对数据可获得性的需求。

目前满足上述需求相关的统计制度主要是年报统计制度和国控源季报直报系统。根据工作目的，工作流程和工作内容两种体系具有较大的差别，因此针对污染源条码制管理体系与现行环境统计制度的衔接研究，需要将两个环境统计体系区别开来研究。

年报和直报制度各自有各自的特点（见表7-1），总体来说直报系统由于投入运行较晚，各方面配套设施和运行制度还不健全，在开始阶段暴露出许多问题。但是随着制度的不断完善、技术成熟度的提高以及工作人员的业务水平提高，直报系统的优势就会慢慢显现出来。例如，直报系统的数据时效性要远远高于年报，运行成本低于年报系统，随着统计范围的扩大和数据质量的提高，直报系统的优势会全面超过年报系统。但是现阶段由于减排工作需要，年报制度还具有统计范围面广，数据全面等这些直报系统无法取代的优势，因此年报、直报双轨制运行会存在相当长的一段时间。

表 7-1　年报和直报环境统计制度对比

统计制度	时效性	数据质量	运行成本	人员需求	统计范围
年报	当年数据次年的4月10日前报送，数据时效性较低	逐级审核+联合会审审核工作量大，投入人员较多，数据质量逐步提高	逐级上报和审核，数据采集审核过程投入较高	基层环境统计人员需求量大业务能力要求较高	覆盖国控重点和非重点企业、环境管理等
直报	每季度最后一个月的1日开始，用时5天，时效性高	网上直接审核，信息反馈快速，由于目前系统不完善，数据质量有待提高	前期网络和计算机硬件投入较大，后期依赖网络和在线审核，运行成本相对较低	企业环境统计人员要求较高，基层环境统计人员需求量相对较低	只包含国控重点点源

年报和直报调查的对象无论是工业企业、生活源或农业源都可以视作为污染源，污染源的统计和管理工作的前提是唯一性的识别，这也是污染源条码制管理工作的初衷。对污染源进行条码编码化管理具有如下多种意义。

① 可以使污染源具有唯一和稳定的身份条码，这样就可以在直报或是年报统计工作中快速定义出污染源的身份信息，而不会因为企业迁址，更名或是法人更换等因素导致重复统计或是漏报等问题。

② 污染源编码可以使获取污染源信息的方式更快捷，污染源信息编码后可以通过扫码读码等方式快速获取污染源信息，特别是在年报统计工作中，通过编码传输污染

源信息可以避免因疏忽或是填报方式不准确等问题造成的遗报漏报现象。

③ 污染源编码也有利于环保部门内部信息交换和污染源信息的对外公开，目前的年报系统和直报系统运行较为独立，直报名录的创建和更新与年报系统并不挂钩，如果实现污染源编码之后，从环境统计部门角度来看只需要有一个数据库就可以同时满足直报和年报两套系统；另外，从整个环保系统的角度来看，污染源编码更可以满足环境统计、污染源普查、排污收费、许可申报甚至是环评等多项管理制度的数据交换。

④ 污染源条码制有利于提高环保部门行政审批和排污单位办事的效率，排污单位环保行政审批和产排污申报等活动中填报的各类申请和申报表格是环保部门信息跟踪的主要来源。通过引入污染源身份条码，可以更快、更准确地确认排污单位的身份，借助条码扫描设备自动识读污染源身份条码并调取污染源数据信息可以很大程度上减少环保工作人员手工输入查询、处理、核准的工作，提高政府服务的效率。

7.2　应用关键环节分析

7.2.1　条码与年报系统衔接分析

（1）条码与年报系统衔接分析

污染源条码制是一种全新的带有创新性的工作制度，而年报系统则是一种应用时间较长且相对管理比较成熟和系统的工作制度，将污染源条码制引入年报系统需要将两种制度在各个方面进行重新匹配，需要将年报系统的各个环节与污染源条码管理做好衔接工作，这其中比较重要的 4 个环节包括数据采集、数据上报汇总、数据质量审核和数据管理应用。

（2）数据采集

首先在数据采集方面，传统的年报系统采用的是基层环境统计人员上门调查排污单位，采取纸笔填表的方式记录污染信息，上门调查方式较为原始，主要的问题是由于填报人员疏忽易造成数字遗漏或填写错误导致数据质量下降。污染源条码制在这一环节解决的主要问题是使用扫码技术代替笔纸抄送的形式将数据从企业采集到基层环保部门统计人员手中。这一技术的实现手段有以下 2 种。

① 企业负责环境污染的统计部门有一套和环保部门相统一的年报报表（软件），企业对污染信息自行填报，然后生成包括企业基本信息和污染信息在内的条码。基层统计人员通过对企业条码的扫读，完成数据交换实现环境统计的无纸化办公，条码内的信息一旦生成则不可修改，这样方便审核过程中追根溯源，查找问题数据来源。这一方法实现需要相应软硬件的配合，软件方面可以设置在云端的条码生成软件，或在不可上网的计算机安装离线条码生成软件，硬件方面包括计算机，互联网硬件设备，扫码器和条码打印设备（非必需品）。

② 实现手段是对污染单位的污染设施进行编码，如对产污设施、排污口、污染物贮藏设施分别进行编码，在这些设施的基本码的基础上实时添加污染数据，形成条码，

这样基层环境统计人员可以在对企业各个设施的扫码基础上汇总形成企业污染基本信息。但是这一方法的问题在于不同产业企业生产排污工艺差别较大，污染设施信息和年报统计报表记录信息有较大差别，相互匹配需要成本。但是这一方法的优势也比较明显，有利于污染信息的公开，对排污设施进行编码可以鼓励每一个公民对企业的污染信息进行监督，加强公众力量对环境保护的监管作用。

总体来说，污染源条码制对现行年报制度数据采集方法的影响是颠覆性的，可以由传统的数据采集方法在较低的成本内转化为无纸化办公，并且在保证环境数据质量的基础上节省人力资源。

（3）数据上报汇总

我国年报统计制度的上报汇总采取了县–市–省–国家四级上报汇总制度，数据质量逐级审核，由各级环境保护主管单位的总量部门负责数据质量。目前的数据上报汇总方式采用的是县级上门调查，市–省汇总到国家环境监测总站。目前数据上报汇总工作的主要问题出现在：基表信息量较大，填写加总任务繁重，易出现漏填错填等问题，导致汇总数据和实际情况出现较大偏差。

采用污染源条码制技术方法后，所有调查单位的信息将会以条码的形式储存在系统内，在数据上报过程中可以利用条码唯一识别信息特性将所有调查单位的污染信息分类加总，加总后的信息上传下一级审核单位，并匹配下一级审核单位的污染单位信息代码表，这样可以实现综表上传加总数据，基表可以调出基础数据。基表综表动态匹配汇总上报技术可以有效地解决目前数据汇总过程中发现问题后追根溯源难的问题，可以通过条码唯一识别的特性准确定位有问题的污染单位，对其所属区域环保部门追责有力，准确可靠。

数据到达国家级后污染源编码库和基层的信息保持不变，综表的汇总信息可以用来宏观把控减排措施，对于个别有问题的污染单位也可以通过基表的条码有效识别，准确定位。条码制的应用可以使得年报统计系统的上报汇总过程更加可靠和高效，并且运行成本较低，仅各级环保部门目前的软硬件配置稍做调整即可投入运行，且节省人力资源。

（4）数据质量审核

数据质量审核和数据的上报汇总基本上是同步完成，但是与上报汇总不同的是，数据质量审核是一个需要投入人力物力完成的系统性工作，数据质量审核一般包括完整性审核，主要包括审核区县级行政区上报单位是否完整；统计报表完整性审核，审核应填报统计报表是否有漏报现象；重点调查企业统计范围审核，审核是否按照"重点调查单位调整原则"每年对重点调查单位进行动态调整；重点行业企业完整性审核，审核是否根据技术要求将全部符合调查原则的重点行业企业纳入调查范围；指标填报完整性审核，审核各统计报表中指标填报是否完整（不同行业生产特点和污染物排放种类会有所不同，因此允许部分指标为空值，如重金属或危险废物指标，以下指标完整性审核相同）；重点行业指标完整性审核废水、化学需氧量、氨氮、五项重金属产排量排序前 5 位的行业，该项污染物排放量为零的企业进行重点审核。

　　规范性审核，主要审核火电、水泥、钢铁冶炼、制浆造纸企业及所属的自备电厂是否按照技术要求填报相应的报表，审核是否有不应纳入重点调查范围的行业企业，审核污水处理厂名称和代码是否存在于污水处理厂表中，或与污水处理厂表中的名称和代码是否一致。

　　重要代码准确性审核，重点调查单位的行政区代码是否按所在地原则填报。组织机构代码，审核重点调查单位组织机构代码是否按照"全国组织机构编码原则"填报。行业代码，审核重点调查单位行业代码是否按照最新《国民经济行业分类》填报。

　　突变指标审核，审核重点调查单位填报指标和重要衍生指标（衍生指标是指通过有联系的指标换算得出的，如产排污系数、平均排放浓度、污染物去除率、去除成本等）是否有突变现象。

　　逻辑关系审核，审核报表制度规定的逻辑关系，审核"竣工项目新增处理能力、投资完成额"等单位填报是否正确。审核是否存在统计年度之前已建成投产的治理项目重复填报现象等。

　　对于综表的审核同样也包括以上这些内容。如果引入污染源条码制管理手段，在数据审核方面可以发挥较大的作用。首先在完整性方面，电子报表可以自动识别报表是否填写完整，包括指标是否完整填写等，并且由于企业都是以代码形式储存在数据库中，很容易识别是否有漏报的重点调查单位。在规范性审核中由于不同企业的编码方式不同，并且所对应填写报表编码也不同，这就可以条码来识别不同类型企业是否按照技术要求填报相应的报表。在应用条码制以后，重要代码准确性审核可以不再出现在数据质量审核中，因为每一家企业已经将重要代码编入企业污染唯一识别码中，并且不可修改，因此在条码制管理中重要代码准确性可以不再进行审核。

　　（5）数据管理和应用

　　环境统计数据除了服务于污染物总量减排以外，在其他环境保护工作中也有着广泛的应用，例如环境经济核算、生态补偿、环境质量公报等。因此，环境统计年报数据的管理和应用也是年报统计工作的一个重要任务。

　　污染源条码制引入年报统计制度的一个重要作用就是使得环境信息公开的渠道变得更加透明和有效。无论是对污染设施还是污染企业编码都可以将污染数据信息化管理，并且保留了低成本信息接入口——条码，使得原来繁冗复杂的环境信息可以通过编码后通过简单的介质实现高效的传递。污染源条码制在年报环境统计制中的优势见表7-2。

表7-2　污染源条码制在年报环境统计制中的优势

年报环节	数据采集	上报汇总	质量审核	管理应用
条码制优点	实现基层环节统计无纸化办公，污染源信息条码制记录，扫码读码，传输速度快，发生错误概率小，节省人力成本	污染源条码制可以实现综表分类自动加总上报，基表动态链接，实现迅速定位问题表格，便于上报和信息回馈	条码制可以实现表格合理性审核自动化实现，对逻辑审核、规范性审核实现自动化处理，彻底省去重要代码审核步骤，大大提高审核效率和准确性，节省人力成本	污染源条码制可以使污染信息对内传递更有效率，对外公开更迅速便捷。加强了内部环境信息处理和协调机制，鼓励外部社会力量更多参与环境监管

信息编码以后可以方便实现环保部门内部的数据共享，环保部门内部不同业务部门可以通过污染源唯一标识的条码，调入调出污染信息，实现数据库化管理；同时，污染源条码制也可以让公众通过简单的方法获取到关心的污染信息，通过扫码的方式了解企业的污染信息有利于加强公众对于环境的监督作用，提高全社会环境保护的参与度。

7.2.2　条码与国控源季报直报系统衔接分析

直报系统在环境统计领域的应用时间比较短，制度较年报系统还有一定的完善空间，但是因直报系统高效、便捷的数据传输速度和较为节省人力成本的工作方式，会慢慢成为环境统计的支柱业务。污染源条码制的建立对直报系统工作的开展和完善起到了推动作用，这些作用分别体现在了数据采集、数据上报汇总、数据质量审核和数据管理和应用 4 个方面。

（1）数据采集

直报系统的数据采集，由企业专门负责人员收集、调查、统计后通过专门的软件录入并通过互联网上传至市级环保部门，然后由市级环保部门审核通过后传至省级环保部门，省级环保部门审核通过后上传至生态环境部。在整个数据采集和上传过程中，已经采用了计算机加网络的无纸化办公，因此条码作为数据采集的媒介优势并不明显。但是条码作为污染单位或者污染设施的唯一标识码，可以准确的定位污染数据来源，增加数据可靠性。

具体来说，在企业采集并且上传的污染统计数据中加入污染源编码，并动态关联，可以使同一个污染单位的直报和年报数据达到一源两表，互相校验，增加数据可靠性。

（2）数据上报汇总

在直报系统中，数据上报过程分为两个步骤：由企业到市级环保部门统计数据由互联网负责传输；由市级环保部门到省级环保部门再到生态环境部的统计数据由专网负责传输。在数据上报汇总的过程中引入条码制，可以实现基表和综表的动态关联，自动加总等功能，使直报数据和年报数据相匹配，快速准确定位污染源信息。

（3）数据质量审核

直报系统的数据审核分为 3 个阶段，即市级环保部门审核、省级环保部门审核和环境保护部（现生态环境部）审核。直报系统的审核标准和程序与年报系统类似，因此整个污染源条码制的直报系统的环境数据质量审核的优点和衔接过程与年报类似。

（4）数据管理和应用

直报数据因其时效性高，获取较为直接，在应对管理和应用领域方面具有更加明显的优势，在信息公开方面具有更加直接的效果。因此，直报系统的数据管理在污染源条码制的配合下具有更高效和互动效果，例如环保部门内部，或环保部门与其他政府主管部门的数据共享，环境信息对公众的公开。

污染源条码制在直报环境统计制中的优势如表 7-3 所列。

表7-3   污染源条码制在直报环境统计制中的优势

年报环节	数据采集	上报汇总	质量审核	管理和应用
条码制优点	污染源唯一性标识，避免数据重复或漏报	污染源唯一标识，方便和年报污染源共享数据	直报系统引入污染源编码后方便环境数据质量审核的自动化处理	直报系统污染源编码有利于数据内部共享和对外公开机制的高效运行

7.2.3   条码在环境统计中的应用总结

综合对比条码在环境统计年报和国控源直报系统中的应用，可以看出，条码应用主要集中于数据采集、上报汇总、质量审核和管理应用中的数据共享和交换环节，其中最为直接的应用体现在数据采集过程和数据加工整理后的信息交换过程。具体对比见表7-4。

表7-4   污染源条码制在年报和直报环境统计制中的优势对比

项目	数据采集	上报汇总	质量审核	管理应用
年报系统	（1）电子化录入；（2）扫码读码方便	（1）基表分类自动加总上报；（2）基表综表动态链接	质量审核自动化处理	（1）内部数据交换；（2）信息对外公开
直报系统	污染源唯一标示识别	（1）污染源唯一标示识别；（2）年报直报数据相互校验	质量审核自动化处理	（1）内部数据交换；（2）内部数据校验

需要强调的是，由于受各种条件的制约，目前我国环境统计采取的是年报制度和季报直报双轨并行的机制，但从长远来看，建立一整套系统全面地联网直报系统是我国环境统计发展的必然趋势。因此，条码设计应以联网直报系统为核心，从技术和制度层面提出系统完善的框架。

7.3   污染源条码与现行环境统计的衔接分析

7.3.1   不同编码情境的适应性分析

在完成污染源条码的初始化后，根据条码体系的构成，将条码在环境统计的应用划分为四种场景：第一种场景为只满足污染源唯一标识功能；第二种场景为满足污染源唯一标识及企业相对稳定信息的自动填报；第三种场景为满足污染源唯一标识、企业相对稳定信息自动填报及设备层面信息自动填报与汇总；第四种场景为在满足以上需求的基础上，实现报表的条码上报。不同应用场景下，环统数据的上报及汇总方式是不同的，以下将分别予以分析。

（1）应用场景一（仅适用企业唯一标识条码的应用场景）

将企业唯一标识码条码化，是为了在环境统计工作中方便数据电子化上报并且避免企业信息误填、漏填、错填等问题发生的有效保障手段。作为最基础的污染源条码化应用，该应用场景用最低的成本实现了污染源数据条码化上传手段。

　　为实现条码化的这一应用，首先需要对重点调查单位名录库按照编码规则一一赋码，按照选取的最优条码技术进行代码生成。这一步骤可以由国家环境统计主管部门负责监管完成，也可以由省级环境统计主管部门具体负责辖区内的重点调查单位条码生成情况。

　　在条码名录库初始化和赋码完成以后，现行的环境统计报表填报工作并不需要增加额外的工作量；相反，确保了企业唯一性的信息，在数据填报过程中减少了企业信息错误的概率，在数据审核过程中减少了企业信息查重的工作负担。

　　企业唯一标识条码应用可以同时服务于直报和年报系统，条码化后的作用基本相同，但是鉴于年报的工作量和调查对象远大于直报系统，因此该应用对年报系统的效率提高更大。

　　总体来说，第一种场景下，实现了污染源唯一标识和统一管理。

　　（2）应用场景二（使用企业条码的应用场景）

　　应用场景二是在应用场景一的基础上进一步的细化了条码的应用范围，不仅仅是对企业的唯一信息进行编码，更对企业基本信息（如环境统计基本报表中的基 101 表、基 201 表、基 501 表、基 502 表、基 503 表中企业基本信息）进行编码。这一措施的实现，虽然在一方面增加了编码的工作量，但是却进一步保障了信息的有效性和准确性，并且在审核过程中大幅度地削减了核对企业基本信息所需要花费的工作量。

　　在现有的环境统计年报工作基础上，通过扫码实现企业唯一信息和基本信息的传递使得应用场景二比应用场景一在现实的操作中更具有可操作性和更高的费用效益比。

　　相对于应用场景一而言，场景二在条码编码设计方面，将污染源固定信息以条码形式固定下来，可以减少现行环境统计工作量，基层填报单位无需每年重复输入相同信息，减轻了填报单位的负担，因此应用场景二在年报的统计当中具有更高的便利性和覆盖度。

　　（3）应用场景三（使用企业条码及设备条码的应用场景）

　　应用场景三的设计是在应用场景一、二的基础上增加了企业设备编码的条码化。这一设计具有独特的创新性，因为在现行环境统计制度下，调查单位信息收集中并没有具体涉及企业产排污设备的信息收集。如果通过条码将企业产排污设备进行编码和记录，这就涉及：a. 需要对目前的环境统计报表进行大量的信息扩充，以此记录企业设备信息；b. 由于设备具有变更的不确定性，因此动态信息维护和更新将进一步加大工作量。

　　但是作为环境统计精细化管理的一部分，设备编码具有其独特的优势和发展趋势。根据调查企业的属性不同，可以将企业设备条码化工作先行应用在直报系统上，因为：a. 国控重点源企业相比环境统计年报的重点调查单位要少，工作量较小；b. 国控重点源企业管理能力较强，对设备运行，更新和维护相对较为容易。因此可以分阶段（如第一阶段为直报系统收录企业，第二阶段为环统全部企业）实施设备编码工作。

　　但是，应该看到，对设备进行编码是一项非常复杂的工作，因为污染治理涉及几乎所有的行业，各个行业的设备属性存在较大差异，从统计的角度来考虑，将所有调查对象的产污和治污设备进行编码赋码在技术上存在很大难度，工作量也非常大，需要平衡现行环境统计的投入和能力状况来实施。

（4）应用场景四（使用企业条码、设备条码的应用场景）

应用场景四是对目前环境统计所要求的全部信息进行条码化处理，并实现条码传输，自动审核、扫码录入等一系列高效的电子化环境统计工作。在应用场景四内，污染源条码化的便捷性和效率得到了最大程度的发挥，但也为现行的环境统计工作带来最大的挑战。

首先整个环境统计的工作办法和规章制度要根据条码化的具体要求（如选取技术、软硬件设备等）进行重新的调整，因制度调整造成的制度重建成本目前还无法准确的估计。另外，为适应条码制要求软硬件升级改造工作所需要的成本也很巨大，国家的支持力度目前尚不明确。最后和传统环境统计工作相比污染源条码化还对整个系统运转的维护成本有一定的需求。

但是污染源条码制作为一项创新的制度，是工作发展的需要，同时也是发展阶段必然的产物，特别是在全表单条码化的实现下解放人工数据统计所带来的变革效益也非常的巨大；并且对于数据的保密性、准确度也大大的加强。

如果环境统计工作能按照全部数据编码的形式进入电子化管理流程，一个重要的改变就是可以将直报系统与年报系统合二为一，对国控重点源统计数据实施季度数据季度报送，对其他重点调查单位实施年度报送，大大地提高了环境统计的效率。

（5）不同编码方式的适应性分析

表7-5对上述四种场景下污染源条码的应用优点、缺点/难点进行了对比分析，综合来看，应用场景一和场景二的实施成本最低，也能满足目前环境统计工作需求，但对环境管理需求的支撑仍有待提升；场景三和场景四适应当前统计技术进步趋势，能够大大提升和支撑统计电子化和信息化水平，同时也能大大减轻调查对象和管理者负担，但从当前环境统计工作的实际情况及各级环境统计机构能力现状看，其实施仍面临较大困难，能力不足、投入不足是制约场景三和场景四未来应用的主要因素。

表7-5 污染源条码制在不同环统工作中的总结

应用场景	场景描述	优点	缺点/难点
应用场景一	只对污染源进行编码	（1）有利于污染源规范管理； （2）建立污染源名录库，为统计调查和数据共享奠定基础； （3）易于实现，成本低廉	（1）不能充分体现编码和条码在信息管理中的优势； （2）电子化和信息化水平低
应用场景二	场景一＋污染源固定信息	（1）有利于污染源规范管理； （2）固定信息无需重复填报，降低填报单位负担； （3）建立污染源基本信息库，服务范围更广泛； （4）成本低廉	（1）污染源编码和固定信息更新机制不健全； （2）不同部门之间数据共享标准和机制未建立

续表

应用场景	场景描述	优点	缺点/难点
应用场景三	场景二＋设备码	（1）有利于污染源规范管理； （2）建立污染源信息库，服务范围更广泛； （3）建立设备信息库，方便环境管理	（1）设备分类和编码工作量大，不确定性较多； （2）增加填报单位负担； （3）提升了对各级统计队伍的素质要求
应用场景四	全部报表条码化	（1）报表电子化，减轻调查对象负担； （2）有利于管理者收集和存储信息； （3）减少资源浪费，提高统计效率	（1）技术环节多，实施难度较大； （2）前提投入相对较高； （3）对企业和政府统计人员能力要求较高

7.3.2　实施条码制对现行制度环境的需求

将条码融入现行的环境统计体系，无论从技术还是制度安排上均需要做出较大的改变。从制度层面来看，条码在环境统计中的应用主要面临如下问题。

① 如何协调条码与现行的统计编码之间的关系，尤其是协调不同主体/部门环境数据库的衔接？

② 如何将条码融入现行的环统而又对正在进行的工作不造成大的扰动？如何实现新旧制度转换的低成本和高效率？

③ 如何对条码进行有效的管理，既要保证条码编码、发码的准确性，又能在确保信息安全的前提下对条码信息进行动态更新？

④ 未来基于条码的环境统计信息的开发和应用应如何开展，条码未来的应用领域以及与相应的技术条件匹配的制度安排包括哪些？

本研究重点从上述 4 个方面分析将条码纳入环境统计体系所需的配套制度保障。

7.3.3　实施条码制所需的制度保障

从我国环境统计发展目标看，条码的应用与上述目标的 4 个方面紧密相关，条码是实现环境统计现代化和保障环境统计服务及时性的重要内容，也是强化环境统计专业化的重要对象。

条码不仅是环境信息的载体，更是环境信息传递的媒介，尤其是在环境统计手段现代化过程中，没有条码作为媒介就无法实现对环境信息的适时读取和共享。

条码是环境统计专业化的对象。环境统计的专业化管理需要一系列配套的标准和技术方法体系予以保障，而环境统计的专业化是建立在污染源统一规范管理的基础上的，没有调查对象及相关信息的统一编码就无法实现污染源的规范管理。

从制度层面看，需要从法律法规、体制机制、技术方法、管理制度和能力建设等方面为条码制应用提供全面保障。如表 7-6 所列。

表 7-6   实施条码制的制度保障体系

制度体系	保障内容
法律法规	条码的法律地位和条码编码及相关工作的权威性
体制机制	确保不同部委之间数据衔接，环保部门内部数据衔接机制的建设
技术方法	条码编码规范、操作规范
条码管理	条码发放、应用、更新管理规范
能力建设	条码实施的软硬件、网络、经费和人员保障

① 从法律层面看，应通过法律法规明确条码和编码工作及编码发放及管理的法律地位，保证编码的唯一性和安全性。

② 从体制机制上看，应建立有效的协调机制，一是与国家统计局及农业部（现农业农村部）、国土资源部（现自然资源部）、国家林业局（现国家林业和草原局）等相关的资源环境数据管理部门的协调机制，建立统一的元数据标准和编码规则，方便不同部门间数据的共享；二是在环境保护管理系统内部，建立污染源排放、监测、排污申报、环评等部门的内部协调机制，确保环境管理系统内部对污染源信息的统一编码，以确保数据衔接一致。

③ 从技术方法层面看，一方面应编制污染源信息编码规则/标准，保证被调查对象的统一编码；另一方面应编制编码、发码、更新等覆盖与条码相关的各个环节的操作规范，便于不同层级的环保人员操作。

④ 从条码管理上，需要建立配套完善的条码管理制度和动态更新制度，确保条码规范管理和条码信息的及时更新。

⑤ 从能力建设上，为推动条码制度实施，应在网络布设、软硬件配置、资金投入和人员保障方面强化保障，应将条码配套能力建设作为环境统计能力标准化建设标准的重要内容，列入国家财政专项予以支持；同时，应编制专门的培训材料，以图书、多媒体、电子文档等方式共享给各级环境统计人员和企业环境统计人员，强化统计人员能力建设。

第8章

面向"十三五"的环境统计制度与污染源条码制衔接

8.1 未来环境统计发展面临的重大问题

经过30多年的实践和发展完善，目前我国已初步形成了较为完善的环境统计报表制度和"企业－县－市－省－国家"统计数据逐级上报工作体系，建立了一套以定期普查为基准、抽样调查和科学估算相结合、专项调查为补充的调查统计方法。随着生态文明建设上升到国家战略层面，环境保护进一步参与社会经济发展决策，各项工作和污染减排的力度不断加大，环境统计调查和服务对象、范围不断扩展，环境统计任务十分艰巨；同时，随着人民群众环境意识和知情权要求的不断增强，环境保护已经成为社会各方面关注焦点。相比之下，现有的环境统计基础工作和能力建设严重不足，难以支持日益增长的环境管理工作需求。

（1）环境统计数据需求日益激增，各级环境统计工作能力有待增强

近年来，环境管理工作特别是总量减排工作的持续深入推进，各级政府对环境保护愈加重视，作为具有长期数据积累并能够较为全面且量化反映污染物排放情况和环境管理相关工作的环境统计逐步成为决策管理的重要参考依据，经济社会发展综合决策对环境统计的数据需求明显增强，总量控制、执法监督、流域管理、重金属污染防治等环境保护重点工作的精细化要求亟须环境统计覆盖更加全面，调查指标更加细致。同时，人民群众环境意识的提高使得对环境健康的诉求增加，在政府信息公开的大背景下，群众对环境统计数据的获取和发布也提出了更高要求。虽然"十一五"以来环境统计信息公开力度不断加大，数据发布渠道日趋拓宽，然而，环境统计指标的覆盖面和发布的及时性仍旧难以满足环境管理和公众信息需求，特别是地市等基层环境统计工作对新形势下数据需求准备不足，难以应对新的挑战。

（2）环境管理乃至宏观经济决策对环境统计数据质量提出了更高要求

随着环境统计不断融入经济社会发展综合决策过程中，包括总量减排在内的环境统计数据成为各级政府季度经济形势分析的重要内容，国家统计局《中国资源环境主要统计指标体系》和国务院发展研究中心编制的"民生指数"等国家层面的重大研究也采信了我部环境统计相关数据作为评估指标，各地在政策制定过程中也要求用环境统计数据来衡量经济社会可持续发展水平，因此环境统计数据的准确真实十分重要。然而，在以往的环境统计工作中，逐级汇总上报机制导致了地方对国家数据审核的过分依赖，大量基础数据往往未经严格审核；部分地方环境保护部门受限于统计工作人员经费等因素，难以保证本行政区内环境统计年度工作准确、完整并及时调度；而基层环境统计工作人员缺乏数据分析应用能力，难以保证环境统计信息与各类相关数据的有效衔接，这些都有碍于环境统计数据质量的进一步提高。

（3）现有环境统计能力建设具备一定基础，亟须制度化规范操作

"十一五"以来，"统计管理部门＋技术支持单位"这一适应新时期环境保护工作需求和各级环境统计工作现状的工作模式逐步形成，各省（区、市）均明确了直属单位作为环境统计技术支持单位，部分地方还专设统计技术支持部门。然而，在信息化

日益深刻影响统计工作的新形势下，环境统计工作特别是基层数据采集和审核工作越来越需要更为精准的设备和专业的人才，但目前基层环境统计工作人员不稳定、装备使用不充分的现象还较普遍，亟须通过制度化建设等手段加以强化，通过标准化的能力建设使环境统计基层能力得以稳定，保障全国环境统计工作的顺利开展。

环境统计数据作为重要的国情数据，在服务决策、支持管理中的作用日渐凸显。从宏观上看，对环境统计数据的应用不仅局限于简单的统计汇总分析，还需要结合国家宏观经济发展和减排形势对环境统计数据予以综合评估，对环境经济发展进行全面研判，进而预测污染物排放趋势，为包括总量减排在内的环境管理决策提供翔实数据支持，为各级政府制订可持续发展战略决策支持提供参考；从微观上看，随着环境保护监管对象的范围拓宽，在传统监管的主要污染物基础上，为适应环境保护管理工作需要，"十二五" 以来，机动车、农业源已经先后纳入现行环境统计制度，针对 POPs、温室气体等多种污染物的专项统计也逐步纳入环境统计工作范畴，为保障新形势下环境统计基础工作，夯实基层统计工作基础，必须着力提高基础装备水平和统计人员素质，构筑满足现实基本需求且可供操作的标准化体系。

2013 年 9 月，国家重点监控企业环境统计数据直报正式开始全国试运行，这意味着自下而上逐级上报的环境统计基本工作模式逐步向企业直报工作模式过渡，从企业到各级环保部门在环境统计工作中的工作任务分工日渐完善，各级环保部门统计工作任务重点也逐渐细化，企业负责数据填报、区县着重把关基础数据、地市重点审核汇总数据、省级统筹分析研究的工作任务分工基本确定。这就要求在各级环境保护部门的统计装备配置和人员培训过程中需要分类指导，做到各有侧重。此外，我国地域发展的不平衡性和不同地域环境保护工作重点的差异也决定了在建设任务目标设定上需要针对工作实际，区别对待。

十八大以来，空气、水和土壤等领域污染防治工作正逐渐成为环境保护的重点工作，各项专项规划和配套政策相继出台，围绕重点工作，面向大气重点监控区域、各重点流域、土壤污染严重区域等的监测、监督执法和污染物减排工作逐步推进，环境统计数据是环境现状和污染物治理及排放状况的真实反映，也是环境管理工作的客观体现，为确保环境统计数据的真实性和可靠性，对环境统计数据的现场核查、监测检验等相关工作十分必要，为此在标准编制中需要适当提高相关人员和装备要求。

作为环境保护信息化建设的重点方向之一，互联网和物联网的发展正深入影响统计工作的工作方式，国家统计局开展的第三次全国经济普查工作全面采用了 PDA 辅助数据收集工作，将数据、照片和普查单位空间定位信息直接报送到国家，既减少了中间环节对统计数据的干扰，保证了数据改动电子痕迹可追溯，又简化了数据采集处理流程，使得统计数据报送处理过程实时监控。作为为环境管理提供数据支持的环境统计，在污染源地理定位、环境统计信息真实性确认等方面需求尤为强烈，为此，在标准目标设立过程中参考相关部委先进经验，在面向信息化网络和软硬件配置设计等方面就环境统计发展趋势和与先进技术相衔接做了适当安排。

8.2　未来环境统计发展目标定位

由于我国环境统计的发展在顶层设计方面仍缺乏整体框架和远期规划，但从国际经验来看，建立标准化、专业化和高效率的环境统计体系已经成为全球趋势，也是发达国家环境统计得以融入综合环境经济决策，服务可持续发展的重要经验。因此，参考联合国统计组织手册第三版《统计机构的运作和组织》《联合国环境统计发展框架：2013》以及美国、俄罗斯、法国等国家环境统计制度经验总结，结合我国环境统计发展面临的主要问题及环境管理和公众及其他各类主体对环境统计信息的需求分析，将我国未来环境统计发展的总体目标概括为：通过制度和技术创新，建立一整套具有较高独立性、现代化和专业化、高效和及时的环境统计体系，满足环境管理决策、公众及其他主体的信息需求。

8.2.1　目标之一：　保持环境统计活动的独立性

环境统计活动的独立性，即各级环境统计机构能够不受阻碍地为公众和决策者不断提供有用的、优质的信息。加强环境统计的独立性，主要从下述 2 个方面入手。

1）要运用立法手段强化环境统计的独立地位　具体如下。

① 在现行环境保护法中纳入环境统计内容，将环境统计作为环境保护工作的一项基础性工作和制度，明确各级政府不得以任何理由干预环境统计活动和环境统计数据，增加对造假、篡改环境统计数据行为的法律责任界定。

② 编制并实施《环境统计条例》，进一步明确环境统计的地位和独立性，确保环境统计调查工作和环境统计数据的权威性，明确环境数据质量责任和弄虚作假行为的惩处办法。

③ 加强统计法实施，强化对干预数据行为的追责和惩罚力度。

2）要建立有利于确保环境统计独立性的体制机制，确保环境统计不受干预　具体如下。

① 在环保系统建立具有高度独立性和综合性的统计机构，环境管理部门主要负责提出环境信息需求，统计部门负责统计工作的组织和信息收集发布。

② 强化上级统计部门对下级统计部门的业务指导和统计监督，依托各大督查中心构建跨区域的环境统计定期督查和专家督查机制，确保上下级环境统计数据产生过程的一致性和统计数据库的一致性。

③ 强化环境统计的外部监督和信息公开。建立社会机构参与环境统计的机制，邀请行业协会、高校等与环境统计相关的机构参与环境统计核查和数据审核等过程，建立第三方评议制度，加强环境数据信息公开和公众参与环境统计的机制建设。

8.2.2　目标之二：　实现环境统计手段的现代化

环境统计手段的现代化是指利用先进的现代化科技手段改革创新环境统计的工作

方式。使环境统计的数据采集、上报、审核、汇总、分析应用等全流程更加便捷和智能化，最终达到简化环境统计流程、降低数据收集和服务成本，提高环境统计工作的效率之目的。具体如下。

（1）数据采集过程的现代化

环境统计应适应现代信息社会的发展，广泛采用现代信息技术，充分使用电子工具采集原始数据，充分利用国民经济各行各业和各相关部委政务管理的电子化记录，大力推行手持电子终端采集数据，实现原始数据报送、处理、存储、共享的网络化和数据库化，才能实现与现代信息社会的接轨，才能更方便快捷地获取各类原始数据。

（2）数据上报过程的现代化

积极应用现代信息技术变革统计上报方式，建立安全畅通、便捷高效的联网直报系统，实现所有调查对象均可通过互联网直接向当地环保部门报送原始数据，各级统计机构在线同步共享的工作模式。有利于保障统计机构独立调查、独立报告、独立监督。

（3）数据审核、汇总过程的现代化

充分利用计算机技术和网络技术，开发安全稳定的在线数据审核系统，根据不同的用户设置规定各级环境统计部门的审核内容，实现企业 – 县 – 市 – 省 – 国家各级审核、反馈、修改的全过程追踪。有利于落实各级环境统计主体的责任，追溯数据修改的历史，为环境统计考核提供量化的依据。

（4）数据发布和分析应用的现代化

丰富数据传播内容，拓宽数据传播渠道，形成新闻发布会、统计公报、网络、报刊、年鉴和磁介质等立体式、全方位传播途径，以满足各类主体的需求。建立季度环境经济形势分析制度，完善年度环境污染形势分析制度，根据环境保护的重点领域、中心任务和重大议题，利用丰富的信息资源，加深对经济社会运行中热点、难点、重点问题的分析，强化对微观调查单元的了解，加强对世界环境核算的跟踪监测分析，为环境管理提供针对性强、参考价值高的分析报告和咨询建议。

（5）数据调查手段的现代化

充分利用遥感（RS）、全球卫星定位系统（GPS）和地理信息系统（GIS）等空间信息技术，实现对环境信息的远程采集和各种环境 – 经济 – 社会活动的远程监控，能够为污染源普查、生态资源统计等提供更科学高效的调查手段，同时使样本确定更为精准；利用大数据时代的物联网技术，通过各种信息传感设备，采集现代经济活动声、光、热、电等信息，自动获取大量有关产业活动的物理信息，从而为环境统计提供更为真实可靠的数据来源；利用国内外各种环境经济模型，对农业源、交通源等分散源的污染排放和变化趋势进行模拟，最终形成逐户调查、宏观核算和空间模拟相结合的现代化调查模式。

（6）数据库管理的现代化

利用云计算技术，通过网络把多个成本相对较低的计算实体整合成一个具有强大计算能力的底层架构，实现对环境统计计算资源的优化配置和充分利用。使环境统计数据库既能实现在企业－政府－公众之间的共享，又能安全有序地进行存储和管理。

8.2.3　目标之三：　促进环境统计业务专业化

环境统计业务的专业化是指环境统计过程的标准化和规范化，以及环境统计队伍业务素质的专业化。主要是确保所有的环境统计数据均是在统一的环境统计标准下，遵循统一的环境统计规范程序，由相对专业的环境统计人员完成，保证环境统计数据产生的可重复性和可信程度。具体包括以下内容。

（1）强化依法统计

根据《统计法》《统计违法违纪行为处分规定》和《环境保护法》等，进一步完善我国环境统计工作基本法律制度。健全环境统计执法监查制度，建立违法案件查处和曝光制度，建立对数据质量存在严重问题地方的相关领导进行约谈的制度，建立统计局和环保部门在查处统计违法违纪案件中的协作配合机制。开展形式多样、内容丰富的环境统计法制宣传教育活动。

（2）完善环境统计标准

建立一整套涵盖环境统计数据采集、上报、审核、汇总及分析应用过程的环境统计标准体系，填补目前环境统计标准的空白现状，建立环境统计标准名录库建设及动态更新机制；编制适用于环境统计的《产品及工艺分类目录》，制定关于污染源、污染治理设施、污染治理方法、流域等重要指标的分类代码；制定主要环境统计指标的元数据标准；编制《环境统计能力建设标准化标准》，保障环境统计的机构、人员和经费能满足各类环境统计调查的需求。

（3）规范环境统计工作流程

规范环境统计调查设计流程，充分听取统计用户、基层统计机构和调查对象的意见，组织专家进行系统论证；健全环境统计调查业务流程，制定全国统一的统计调查业务流程，明确数据采集、上报、审核、加工汇总等各个环节的具体组织实施者、布置和报送渠道、工作方式、时间安排和质量要求等；完善各级环境统计行政主管机构和技术支持部门的岗位责任制，制定相应的规范化规程，对环境统计人员的调查行为做出明确具体规定；健全基层统计工作规范，制定《各级环境统计机构工作规范》，从机构和人员、统计调查、统计服务、统计信息化建设、统计法制建设、统计管理工作等方面对基层环境统计工作提出全面具体要求。

（4）加强数据质量全面控制

健全环境统计数据质量全面控制体系，修订工业源、农业源、城镇生活源、机动车、集中式污染治理设施的数据质量控制办法，进一步强化对环境统计调查任务布置和数据采集、审核、处理、汇总和上报的全面质量控制；制定《环境统计数据审核办法》和《环境统计数据质量评估办法》，依据报表间和指标间的逻辑关系，科学评估环境统计指标的数据质量；建立源头数据核实核查制度，对重点企业的基本情况和主要数据进行定期核查，对基层环境统计部门的数据质量和基础工作进行定期评估。

（5）加强环境统计队伍专业化建设

建立环境统计队伍资质管理制度。制定《环境统计从业人员管理办法》，对环境统计从业人员应具备的业务素质进行详细规定，鼓励条件成熟的地区实行环境统计持证上岗制度，建立健全对环境统计从业人员的鼓励激励机制；建立相对完备的统计培训教育科研体系，与知名高等院校和科研院所合作定向培养环境统计系统急需的专门人才；建立全国环境统计学会，建立环境统计专家咨询库，对环境统计全过程进行技术指导，对污染物核算方法、数据审核方法等技术难题进行深入研究，同时提出环境统计改革创新的方向。

8.2.4　目标之四： 确保环境统计管理的高效率

环境管理的高效率是指环境统计管理和运行的高效率。主要是通过清晰的权责界定和恰当的运行机制设计，提高整个环境统计管理的科学性和效率性，为各项环境统计活动提供有环境统计体系运行的成本。具体如下。

（1）强化环境统计计划管理

注重环境统计工作的计划管理。有效的环境统计工作计划，强化了环境统计工作的连续性、规范性，科学合理的年度计划，严格的计划考核工作，是每年顺利开展环境统计工作的前提，同时对环境统计工作的按时完成起到推动作用；中长期环境统计规划，推进了环境统计事业的发展，实现统计工作管理的科学化和现代化。计划内容一般包括组织机构的变动情况、各项统计工作的目标（ 如统计调查方法和数据发布方式的改进和提高、数据质量评价、在减轻调查负担方面的改进情况等）、统计经费收支情况、人员构成和变动、统计信息服务水平、信息处理技术改进、数据库发展等。通过统计工作的计划管理，增强统计工作管理的透明度，确保统计工作的经费来源和合理使用，减少环境统计工作的盲目性，提高工作效率，使统计工作具有连续性和一致性。

（2）清晰界定不同部门统计职责

既要明确环境管理与政府其他部门的权责，确保环境统计不受政府其他部门的干预，同时也要明确环境统计部门与环境管理业务部门的权责，其他业务部门既是环境统计数据的需求方和服务对象，同时也是环境统计数据采集的对象。应清晰界定各方职责，建议通过制定、修改和完善现有法规，对各方职责予以清晰界定，同时明确第三方和社会公众参与环境数据产生过程的机制，通过第三方监督督查相关部门统计责任和义务的落实，减少地方政府对环境统计数据的干预。另外，应重视统计机构内部职能优化，科学划分环境统计工作项目的范围和职责，避免职能的交叉和重叠。

（3）建立完善的协调机制

包括内部协调和外部协调 2 个方面内容。

1）与环境统计部门内的协调

① 协调环境统计部门内各业务领域之间的关系，例如数据收集、分析部门之间的关系，要充分了解分析部门对数据的需求，确定数据收集、审核过程中的重点环节，否则易产生重复劳动，降低统计工作效率。

② 协调技术支持单位与本部门之间的关系，要及时并明确向技术支持单位提出环境统计要求，否则会造成技术支持单位提供的技术服务与管理部门的脱节。

③ 协调好统计过程中管理者和技术支持单位间的工作盲区，可通过建立环境统计专家组，在环境统计调查工作中，环境统计专家及时发现工作中的存在问题，并在遇到问题和困难时可及时获得解决方案，提高问题处理能力和速度，从而提高环境统计效率。

2）与其他部门间的协调

① 与生态环境部内部其他业务司局的协调，使统计部门与用户之间保持密切的联系和沟通，更好地发挥统计的服务功能。在协调方式上，环境统计部门除了充分运用法律手段，依法进行协调工作之外，建立常态化的协调机制，注重利用协商、讨论等方式来协调有关方面的关系。

② 与其他部门的协调，例如农业农村部、公安部、发改委等部门，一方面要协调好外部部门对环境统计数据的要求和需求，尽可能让环境统计数据为其他部门提供相关的信息服务；另一方面要在数据收集、审核过程做好协调，许多数据需要其他部门提供，良好的外部协调机制，可以缩短数据收集过程，大幅提高环境统计效率。

外部协调的内容可以是数据需求、统计方法、范围等，也可以是共同建立各部门间的数据共享机制，减少环境统计的重复调查，减轻工作量，从而提高环境统计效率。

8.2.5　目标之五：　提供环境统计服务的及时性

环境统计服务的及时性，是指根据环境管理和公众的需求、统计工作的要求，环境统计部门需将统计信息按规定时间和及时地向上级环境统计部门报送，同时及时地向社会公众发布。

（1）提高报送的及时性

进一步简化统计报表，精简指标体系，优化污染物核算方法，减少地方环保部门和企业报表填报负担；优化网络直报途径，从硬件建设、软件设计、网络安全等角度进一步提升报送系统的效率；强化不同部门和企业的数据报送责任及考核，确保数据报送责任落实。

（2）确保信息公开的及时性

进一步细化和落实不同主体的信息公开责任，针对信息公开的内容对信息公开的方式、时效性等做出具体规定。强化信息公开的监督机制建设，发挥第三方和社会公众对环境信息公开的监督作用。

（3）提升环境统计服务的及时性

针对环境管理重点需求，及时编写数据分析报告。强化季报直报数据的分析工作，

与经济数据结合强化环境经济形势综合分析。启动环境统计数据二次开发工作，结合
GIS 和遥感数据，针对用户需求开发具有高度可视性的数据产品，充分挖掘环境统计数
据信息服务能力和水平。

8.3　环境统计制度框架设计

（1）概念框架

制度是要求大家共同遵守的办事规程或行动准则，也指在一定历史条件下形成的
法令、礼俗等规范或一定的规格。制度的作用主要是激励、约束、协调。制度设计的
前提是对人的行为的透彻研究和认识，一项制度就是一个行为控制系统。如何通过制
度使得被管理者进行某种行为，必须具备 3 个条件，即存在相应的项目、具有从事该
行为所需的资源、存在能够使被管理者产生从事该行为的动机的正回报。无论这 3 个
条件中缺少哪一个，相应的行为都无法实现。

环境统计经过 30 多年的发展，已经形成了一套相对完善的统计报表制度，能够满
足日常环境管理的基本需求。但从工作过程和最终成效看，环境统计效率不高、统计
数据质量参差不齐，仍然是当前环境统计工作面临的重大挑战。围绕环境统计的关键
环节和过程，建议借鉴国际经验在 "十三五" 期间建立一整套相对完善的制度，确保
环境统计的各个环节能够得到充足的约束和保障/激励，这是提高环境统计工作效率，
确保环境统计数据质量的基本前提。

国际组织一直致力于寻找一种通用的统计模型从分析环境统计的业务流程入手，
针对各个具体的业务流程，提出完成各个流程所需要配套建立的各类制度或制度体系，
以涵盖目前统计的各个环节。联合国欧洲经济委员会、欧洲统计局和经济合作与发展
组织 2008 年 4 月提出了 "通用统计业务流程模型（GSBPM）"，并不断更新，目前广泛
应用的是 2009 年 4 月公开发布的版本。

GSBPM 包含三个层次：第一层次是通用业务流程，包括确定需求、设计、开发、
采集、处理、分析、发布、存档和评估 9 个环节，涵盖了日常统计工作的全部流程；
第二个层次是上述 9 个环节的子流程，具体见图 8-1；第三个层次是子流程的具体描
述。除此之外，还有 9 个跨越式的流程，包括质量管理、元数据管理、统计架构管理、
统计项目管理、知识管理、数据管理、数据处理管理、提供者管理和用户管理等。

基于 GSBPM 的通用业务流程，提出针对每一个流程的环境统计制度需求，所谓的
跨越式流程已经融入每个流程的制度设计过程。同时，针对统计架构管理，专门增加
了顶层设计模块，以涵盖一些战略性、总体性的制度需求。具体见表 8-1。

（2）顶层设计环节

顶层设计环节主要是要理顺环境统计与其他部门统计的关系，确定工作目标；确
定政府、企业和第三方的职责分工；确定工作程序；制定奖惩措施。制定环境统计从
业资格认证办法和环境统计专业技术资格考试认证办法等。

完整的环境统计业务流程（基于欧盟统计署和OECD的通用统计业务流程GSBPM）

1. 确定需求	2. 任务设计	3. 开发及任务部署	4. 数据采集	5. 审核上报	6. 数据分析及汇总	7. 信息发布	8. 资料存档	9. 监测评估
1.1 确定对信息需求	2.1 设计/修订指标体系	3.1 开发数据采集软件及工具	4.1 确定调查单位	5.1 审核验收基层数据	6.1 加工处理数据	7.1 更新产出系统	8.1 定义存档规则	9.1 汇集评估投入
1.2 商议和确认需求	2.2 建立元数据标准	3.2 开发或改进处理软件	4.2 管理数据提供者	5.2 录入基层数据	6.2 数据质量评估	7.2 确定发布产品	8.2 管理档案文件库	9.2 进行评估
1.3 建立产生目标	2.3 设计/修订统计调查制度	3.3 检验生产系统	4.3 建立采集	5.3 查证数据	6.3 数据分析	7.3 管理发布产品的发行	8.3 保存数据和相关元数据	9.3 制定行动规划
1.4 审核数据的可得性	2.4 整理修订元数据	3.4 检验统计生产业务流程	4.4 运行采集	5.4 修正数据	6.4 确定发布数据	7.4 宣传发布产品	8.4 数据和相关元数据的清理	
1.5 准备业务文件	2.5 制定业务需求框架	3.5 确定、部署采集处理应用环境	4.5 确定采集数据	5.5 监查报送数据	6.5 管理数据	7.5 管理用户服务		
	2.6 编制数据审核规则	3.6 工作任务布置及培训		5.6 保留业务处理				
	2.7 编制报表审核规则							
	2.8 制定技术标准							
	2.9 设计生产系统和工作流程							

图8-1　环境统计业务流程

表 8-1　环境统计制度框架设计

统计流程	制度需求（一级）	制度需求（二级）	条码制需求
顶层设计	（1）环境统计办法； （2）环境统计从业资格认证办法； （3）环境统计专业技术资格考试认证办法； （4）环境统计发展规划制度	（1）细分到行业； （2）细分到行业； （3）细分到战略规划、专项规划和实施计划	— — —
需求确认	环境统计咨询制度	（1）环境统计咨询委员会； （2）环境统计技术指导委员会	— —
项目设计	（1）环境统计项目管理办法； （2）环境统计报表制度； （3）环境统计元数据标准； （4）环境统计调查单位名录管理； （5）环境统计调查技术规范； （6）环境统计数据审核技术规范	（1）细分到项目； （2）细分到行业； （3）细分到介质（水、气、固体废物）； （4）细分到项目； （5）细分到行业	—
任务开发和部署	（1）环境统计系统开发流程和软件管理办法； （2）环境统计系统开发公开招标管理办法； （3）环境统计软件使用技术规范	— — 细分到项目	—
数据采集	（1）环境统计数据采集技术规范； （2）环境统计采集数据管理办法； （3）环境统计数据采集证管理办法	— — —	扫码上传 扫码验证
审核上报	（1）环境统计录入数据管理办法； （2）环境统计数据审核验收办法	— —	扫码审核
分析汇总	（1）环境统计数据汇总技术规定； （2）环境统计数据分析应用指南； （3）环境统计数据管理办法	— — —	扫码汇总
信息发布	（1）环境统计数据发布办法； （2）环境统计数据有偿使用办法	— —	扫码发布
资料存档	（1）环境统计资料认定和管理办法； （2）环境统计数据库管理办法； （3）环境统计资料室建设标准	— — —	编码存档
监测评估	（1）环境统计项目实施监测技术方案； （2）环境统计数据质量评估办法	— 细分到项目	—

（3）需求确认阶段

在需求确认阶段主要是通过建立环境统计咨询制度来满足外部协调和内部协调要求。成立环境统计咨询委员会和环境统计技术指导委员会。

（4）项目设计阶段

1）环境统计项目管理办法　对年度调查、专项调查、污染源普查等的开展条件和管理实施做出规定。

2）环境统计报表制度　对报表制度的目的、内容、工作方式、上报时间、质量要求等做出规定。

3）环境统计元数据标准　针对具体的调查项目，对所涉及元数据做出准确定义。

4）环境统计调查单位名录管理　对各类调查/普查单位名录库如何建立、如何动态更新、如何进行管理做出规定。

5）环境统计调查技术规范　对重点行业环境统计调查技术方法做出详细规定，可细化到部门和行业。

6）环境统计数据审核技术规范　对环境统计数据审核技术方法做出详细规定，可细化到部门和行业。

（5）系统开发和软件部署

1）环境统计系统开发流程和软件管理办法　规定统计开发的基本流程、软件使用管理办法。

2）环境统计系统开发公开招标管理办法　对环境统计软件的开发招标过程进行规范管理。

3）环境统计软件使用技术规范　针对政府和企业分别编制使用技术规范。

（6）环境统计数据采集

1）环境统计数据采集技术规范　除一般性规定外，对统计数据采集的具体技术方法、获得途径，例如污染物产生排放量确认、填报方法做出明确规定。

2）采集数据管理办法　明确规定数据提供者和采集者的数据质量和保密责任。

3）环境统计数据采集证管理办法　对数据采集人员，主要是政府调查员的任职资格、认证条件做出规定。

（7）审核上报

1）环境统计录入数据管理方法　对数据录入的具体方法、数据查询和修订的职责和权限等做出规定。

2）环境统计数据审核验收办法　对数据审核方法（室内联合会审和现场核查做出具体规定），对数据质量认定做出具体规定。

（8）数据分析与汇总

1）环境统计数据汇总技术规定　对如何进行数据汇总做出具体的技术规定。

2）环境统计数据分析应用指南　对如何开展数据分析做出具体规定。

3）环境统计数据管理办法　汇总数据如何进行管理，不同目的的数据使用管理等。

（9）环境统计数据发布

1）环境统计数据发布办法　对发布数据的尺度、方法和途径做出具体的规定。

2）环境统计数据有偿使用办法　对非公益目的的数据使用进行界定、确定收费标准和管理办法。

（10）环境统计资料存档

1）环境统计资料认定和管理办法　对应存档的环境统计资料进行列举，并分类制定管理办法。

2）环境统计数据库管理办法 对环境统计数据库的软硬件配置、安全防护、日常管理做出具体规定。

3）环境统计资料室建设标准 对统计资料室建设，包括面积、温度、防火安全等做出具体规定。

（11）环境统计项目评估

1）环境统计项目实施监测技术方案 对统计项目的实施质量、成本效益等确定具体评价技术方法。

2）环境统计数据质量评估办法 对统计数据质量评估做出具体规定。

3）环境统计工作考核办法 对某一单位的统计工作做出全面评价。

8.4 面向 "十三五" 的环境统计制度与污染源条码制衔接建议

8.4.1 制度衔接分析

综上所述，为适应"十三五"环境统计发展的管理需要，解决环境统计管理现状的不足，丰富环境统计现代化管理工作的手段，完善环境统计管理在技术方法上的需求，大力发展以污染源条码制为基础的现代环境统计技术是"十三五"时期环境统计管理的重点任务。通过环境统计年报和国控源直报系统与条码制的衔接研究可以看出，污染源条码制的实现对于年报和国控源直报系统在环境统计中的帮助发挥较大作用。

根据分析研究在现有环境统计（年报，直报，污普）的制度框架下，条码在数据采集、审核上报、分析汇总、信息发布、资料存档等多个工作环节可以投入应用，无论是采取污染源做唯一标识功能，或满足污染源唯一标识及企业相对稳定信息的自动填报，或污染源唯一标识、企业相对稳定、信息自动填报及设备层面信息自动填报与汇总，还是在满足以上需求的基础上，实现条码上报，都可以从不同程度上减轻基层环统人员和企业的工作压力，提高数据的采集、传输、汇总效率，提高数据的准确性，为决策需求提供便利的服务支撑。

首先从制度层面来看，无论选用哪种条码技术和应用场景，目前在现行的管理制度框架下都较容易整合条码应用。首先应基于目前环统报表编制制度和编制技术确定条码编制规范，明确条码应用种类和具体的技术方法，制定重点调查单位名录库条码编制规范。

在数据采集方面需要首先建立条码化的环境统计数据采集技术规范，对统计数据采集的具体技术方法、获得途径，例如具体的条码录入方法等做出明确规定。对条码的终端设备使用人员开展培训（主要是政府调查员），对人员能力的任职资格和认证条件在环统数据采集管理办法中予以详细规定。

在数据审核方面应加强和修订环境统计录入数据管理方法，对数据录入的具体方法、条码的查询和修订的职责和权限等做出规定。修订环境统计数据审核验收办法，对条码在室内联合会审和现场核查的具体应用做出具体规定，对数据质量认定做出具体规定。

在环境统计数据的汇总方面应首先加强环境统计数据汇总技术规定，对条码化的数据汇总做出具体的技术规定，包括年报和直报的汇总方式分别加以界定和区分。通过制定环境统计数据管理办法等相关规章制度，对条码化数据进行有效管理。

环境统计资料的电子化存储也是条码化管理的主要应用领域，在环境统计资料认定和管理办法当中应对条码化的环境统计资料进行列举，并分类制定管理办法。在环境统计数据库管理办法和环境统计资料室建设标准中应明确规定在各级环保系统中为便于存储和管理条码化环境统计资料应配备的软硬件配置、安全防护和日常管理以及统计资料室建设，包括面积、温度、防火安全等的具体规定。

8.4.2　条码制实施的政策建议

（1）强化条码制实施的法律保障

① 制定《环境统计条例》，清晰界定环境统计工作的独立地位、将污染源信息编码和更新管理作为环境统计工作的一项重要制度予以明确。对编制污染源信息编码和定期更新作为环境统计的一项重要工作内容，纳入先行环境统计体系。同时，明确污染源信息编码工作的法律地位和责任，对违反有关编码和条码管理的行为制定明确的惩罚措施。

② 修订现行《环境统计管理办法》，使之与《环境统计条例》相衔接，提出污染源编码管理的实施机制。

（2）建立条码制实施的体制机制

① 无论是国家还是地方均面临环境统计人员不足、环境统计能力建设滞后的现状。而条码制的实施对于现行环境统计来说是一个比较大的挑战，需要更为强大的技术支持队伍。建议成立环境统计中心，作为专门的环境统计技术支持和实施机构，负责环境统计对象编码工作，融合数据采集、加工处理、数据管理、信息发布、分析利用和二次开发工作，强化条码应用。

② 建立环境统计指导委员会和顾问委员会。为强化环境统计工作，建议成立环境统计指导委员会，委员会主任由主管环境统计的副部长或部长担任，统计、农业、林业、水利、国土等部门作为主要成员，主要针对环境统计问题进行磋商，以确定不同部门的数据标准，推动污染源信息编码的应用和数据共享。同时，建议成立环境统计顾问委员会，负责对环境统计发展规划、统计调查技术方案等提供技术指导。

（3）增强条码实施的技术保障

① 建立环境统计编码标准体系。针对环境统计调查对象管理、统计数据采集加工、数据传输和审核汇总全流程以及产排污核算等关键技术环节，制定统一的元数据标准、编码标准和操作技术规范，为条码在环境统计中的应用奠定基础。

② 加强国控重点源环境统计数据联网直报系统建设。紧密结合目前试点工作开展情况和系统运行中发现的问题，完善相关报表制度和软件系统功能，进一步简化企业

填表负担。针对直报报表和软件，编制分行业的统计技术细则和软件使用说明，通过视频等多媒体手段实现相关技术培训的可视化，启动年报联网直报系统的总体框架设计工作，逐步实现年报和季报联网直报并网运行。

③ 强化条码方法、"云存储" 技术在环境统计数据管理和信息共享领域的应用及相互衔接研究，结合 GIS 技术建立可视化的环境统计数据管理和共享展示平台。研究互联网、GIS、GPS、大数据分析等信息采集、传输和分析应用等技术在环境统计全流程中应用的可行性，设立科研专项，借助政府财政项目和公益项目等平台，尽快开展各类技术的应用转化和统计衔接研究，强化国内外相关研究成果的转化应用。结合第二次污染源普查机遇，推动遥感调查、抽样调查技术在环境统计中的应用。并以此为基础，编制面向不同主体的污染源信息和地图，拓展环境统计工作的服务水平。

（4）规范条码管理

① 强化环境统计调查对象和污染源信息统一编码管理，建立自上而下的条码编码管理体系和自下而上的条码信息动态更新制度。由国家统一部署和更新环境统计调查对象与污染源信息编码，各省负责辖区内编码管理工作。

② 建立环境统计现场核查制度，对编码情况及配套的管理情况、各类调查对象数据填报规范性情况等进行核查，建立定期核查与不定期检查相配合的督察机制，联合总量减排、环境监管监察等各项管理工作开展，强化条码和相关统计工作的现场督察和质量保障。

③ 推动环境数据信息公开，推进公众参与环境统计工作的社会监督机制建立。制定并发布环境数据信息公开规定，并广泛征集公众意见，对政府汇总数据和企业点源数据公开的范围、深度、方式做出明确规定，选择有条件的地区率先公开。

（5）进一步强化环境统计能力建设

① 将条码相关的软硬件、资金和人员配置等纳入《环境统计能力标准化建设标准》，并根据经济社会发展状况和环境统计需求状况对相关标准进行定期更新，确保环境统计能力与工作任务相匹配。

② 强化环境统计从业人员管理。建立环境统计人员定期培训和轮训制度，不断提高环境统计人员的素质。应从工资报酬、岗位轮换、级别升迁等多途径稳定环境统计队伍，提升环境统计人员的积极性。

（6）加强国家、区域和国际层面的机构合作

学习国际环境统计管理的先进经验和做法，不断充实完善我国环境统计技术方法体系，强化宏观尺度相关统计指标编码信息衔接。加强与其他部门、高校等科研机构信息交流，学习不同机构在管理过程中植入条码的经验和做法，不断更新条码制统计的技术方法和管理应用。

第9章
基于条码应用的减排统计重点调查单位管理系统框架构建

9.1　系统总体设计方案

9.1.1　系统总体架构设计

系统的总体架构设计如图 9-1 所列。

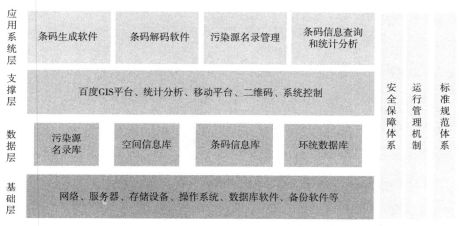

图 9-1　总体架构

（1）应用系统层

应用系统层基于应用支撑层提供的公共服务组件和业务组件，访问信息资源层的数据库，构建面向各类用户的原型软件。本项目包含的软件包括污染源条码生成软件系统、污染源条码解码软件系统、污染源名录库管理系统、污染源信息查询和统计分析系统。

（2）支撑层

应用支撑层是一个基础软件平台层，为软件原型提供公共服务和业务组件，并提供组件的运行、开发和管理环境，最大限度地提高开发效率，降低工程实施、维护的成本和风险，应用支撑层主要包括 GIS 平台、统计分析组件、移动应用组件、二维码组件、安全控制组件等。

（3）数据层

数据层包含污染源名录库、空间信息库、条码信息库以及对接环统数据库等。

（4）基础层

基础层提供系统运行的软硬件基础环境，包括网络、服务器、存储设备、操作系统、数据库系统等软硬件环境设施。

支撑体系包括标准规范、安全体系、运维体系三大部分，其中标准规范体系的建设是保障整个系统建设成功实施的软性因素，是各应用系统实现互联互通、信息共享、业务协同、安全可靠运行的前提和基础；安全保障体系保证信息系统的安全运行。通过技术手段实现系统安全可管理、安全可控制的目标，使安全保护策略贯穿到信息系统的各个层面；运维体系是系统得以顺利建设和正常运行的必要保证。

9.1.2   应用架构设计

污染源条码制统计方法及其示范研究原型软件划分为污染源条码编码系统、污染源条码解码系统、污染源名录库管理系统、污染源信息查询和统计分析系统。

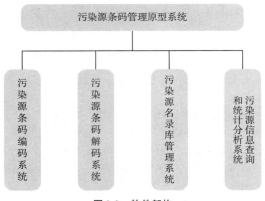

图 9-2   软件架构

▶ 9.1.2.1   污染源条码编码系统

根据污染源条码制管理的统一编码规范及扩充方法研究成果，设计并开发污染源条码生成系统。根据不同的应用场景，选择不同的内容进行条码生成。针对污染源企业，将污染源企业的唯一识别码和污染源的几个重要基本信息指标作为二维码编码的内容。针对排污设备，将企业唯一识别码和排污设备唯一编号以及排污设备重要静态指标信息作为二维码编码内容。针对数据表单，可将一个表单的内容拆分成几部分，生成若干个二维码。

生成的一维条码或二维条码图片可进一步下载、打印或存储在数据库中。一维条码是由一个接一个的"条"和"空"排列组成的，条码信息靠条和空的不同宽度和位置来传递。这种条码技术只能在一个方向上通过"条"与"空"的排列组合来存储信息；二维条码的技术原理是通过在二维方向上利用深色或者浅色的模块进行组合排列而进行数据信息编码的一种条码技术。条码生成软件支持生成一维条码和二维条码。一维条码生成软件基于一维条码的码制（EAN、UPC、Code 等），通过软件编程的方式可将数字和字母内容转换成一维条码图片。二维码生成软件基于二维码编码标准（QR、PDF417 等），采用编程的方式将需要编码的内容转换成一个二维码图片。

▶ 9.1.2.2   污染源条码解码系统

条码解码软件的功能是实现对一维条码或二维条码图片的解码，将条码图片中含有的信息还原出来。在离线的情况下直接还原条码本身包含的信息，在连接数据库的情况下，可根据条码中的信息通过访问数据库，动态返回相关污染源的详细信息。条码解码软件需提供 PC 端和移动终端两种版本。

（1）PC 端解码软件开发

PC 端解码软件是运行在 Windows 或者 Linux 平台上的应用软件，当用户把电脑扫描枪或者摄像头对准条码图片或者直接在软件中载入条码图片文件时，条码扫描软件能获取到此条码的原始图像信息，然后进行各类条码特定的解码运算处理从而解析出此条码所代表的数据信息，在软件界面上呈现给用户解码结果，并进一步提供对此信息做适当处理的操作选项。

（2）移动终端解码软件开发

移动终端版扫描解码软件是运行在 android 平台（手机或平板电脑）上的应用软件，当用户把 android 设备的摄像头对准条码时，条码解码软件能获取到此条码的原始图像信息，然后进行各类条码特定的解码运算处理从而解析出此条码所代表的数据信息，在 Android 设备 APP 上呈现给用户解码结果，并进一步提供对此信息做适当处理的操作选项。

▶9.1.2.3　污染源名录库管理系统

根据污染源条码制管理的污染源名录分析及数据库更新方法研究成果，设计并建立基于条码制的污染源名录管理系统，实现新增污染源、关停污染源、污染源条码发放、污染源条码变更功能。

（1）新增污染源

对工业污染源、农业污染源、生活污染源和集中式污染治理设施 4 种污染源进行新增处理。

（2）关停污染源

可将正常状态的污染源变为关停状态，对关停的污染源信息进行维护。

（3）条码发放

结合条码生成功能，将污染源企业条码进行存储记录，并发放给对应的企业。

（4）条码变更

结合条码生成功能，根据变更后的企业信息重新生成条码，更新名录库中的污染源信息和条码，并记录变更过程。

▶9.1.2.4　污染源信息查询和统计分析系统

（1）污染源信息查询

污染源信息查询提供两种查询方式：单污染源企业信息的查询可通过条码解码软件在移动终端或 PC 上通过扫描一维条码或二维条码查询该污染源企业的相关信息。在PC 端的查询统计软件中按照污染源类型、污染源名称、行政区划、行业类别、所在流域等组合条件，检索污染源，浏览污染源基本信息。

（2）污染源统计分析

根据污染源条码制统计方法及其示范研究成果，建立污染源信息查询和统计分析系统。可按省（自治区、直辖市）、市（市、州、盟）、县（区、市、旗）、登记注册类型汇总、企业规模汇总、收纳水体汇总、排水去向类型汇总、行业类型汇总、所属集团公司汇总、治理类型汇总、项目类型汇总、固体废物汇总、危险废物汇总、企业状态汇总等条件对各类污染源污染排放及处理利用情况统计报表进行汇总。统计分析展现形式采用报表、图表、地图等方式进行直观展示。

9.2　标准规范体系设计

9.2.1　数据编码标准

数据库信息标准和规范化方法的实质，是运用信息组织技术，设计一个结构合理、没有数据冗余的规范化的"数据库"，取消或极大地减少数据接口，实现基于数据环境的系统集成。中央数据库建设的总体规划应该把信息标准和规范化方法列为重点内容，搞好总体数据规划，建立信息资源管理基础标准。

信息资源规划主要可以概括为"建立两种模型和一套标准"："两种模型"是指信息系统的功能模型和数据模型；"一套标准"是指信息资源管理基础标准。信息系统的功能模型和数据模型，实际上是业务需求的综合反映和规范化表达；信息资源管理基础标准是进行信息资源开发利用的最基本的标准，这些标准都要体现在数据模型之中。

数据标准化管理也是中央数据库建设中的一个重要问题。建议结合数据流的调研分析，做好基础的数据标准化工作，进而落实到数据库的结构标准化。其意义在于：a. 帮助理清并规范表达业务需求，落实"应用主导"；b. 整合信息资源，消除"信息孤岛"，实现应用系统集成；c. 指导信息管理系统、决策支持系统等应用软件的选型并保证成功实施；d. 业务人员和技术人员的人员密切合作。

综上所述，中央数据库信息标准和规范化方法是决定数据系统质量和进行信息资源管理的最基本的标准。它包括数据元素标准、信息分类编码标准、概念数据库标准和逻辑数据库标准等。中央数据库的数据处理人员应该严格要求系统开发人员遵循环保系统编码标准，以保证数据库的一致性和内聚力。

在进行数据库建设时，应当遵循已有的数据库建设规范，使本系统的数据符合相应规范。对目前尚无规范的数据库的建设，可利用在数据规范制定方面的经验和方法，为环保相关数据库制定相应的规范，使得整个的数据库系统设计成为一个规范的设计。

凭借在数据字典标准建设方面的经验和成熟理论，可以帮助环保单位制定相关的规范标准。首先，在对环保综合业务系统进行系统调研的基础上，整理分析所有现行的业务，给出符合环保实际需要的数据字典规范；然后再在信息系统的开发实施过程中验证规范的有效性，在系统开发完成时，对规范的修正也相应完成，此时不仅信息系统可以很好地使用，而且有一份数据字典规范，可以作为以后项目开发的基础依据。

9.2.2　数据采集与传输标准规范

数据采集标准规范主要是分成三大部分的内容：一是条码扫描的采集；二是各类环境监测数据的传输；三是针对大量的业务数据库。

一方面，条码数据采集标准规范的确立需要遵循各类数据采集标准规范，从现有的数据采集标准中，提取与本课题相关的标准规范。另一方面，目前已经有一些相关数据格式规范具有较大的参考价值，需结合本课题的实际需求，制定适合本业务的数据采集标准规范。

实时数据采集标准规范，主要是考虑从业务需求出发，需要采集各类环境监测数据供系统使用。在制定实时数据采集标准规范的时候，需要考虑实时数据采样频率、采样精度、通讯方式、通讯规约等方面内容。

业务数据库采集标准规划按照数据对接的要求，定义对接的数据项目，实时完成数据采集与交换。

9.2.3　数据接口规范

数据库的直接连接访问会带来诸如安全性、数据变化等问题，所以需要采用数据接口规范的方式来解决数据访问的问题。

数据接口规范是使数据访问的接口规范化，其他系统和用户访问数据都是通过接口进行，通过接口访问的好处是可以进行权限控制，提供数据的安全性。由于业务的不断变化发展，数据也会跟随变化发展，这会给数据的直接访问带来很大不便，通过数据接口，则使得数据访问变得比较固定，在数据发生变化的情况下，其他系统仍然可以直接调用接口来访问数据，而不会出现错误，即数据的变化不会影响其他系统访问数据的功能。

数据接口标准规范主要是考虑各个子系统间的数据接口的标准协议。数据接口按数据传输的实时性分为数据实时传输接口和数据批量传输接口：数据实时传输是指数据采集后立即通过传输接口程序入库；数据批量传输接口是指通过程序自动或人工启动程序并有相应的设置，把要入库的数据通过整理后入库。

系统提供的数据接口使用 WebService 的形式，完全遵循 WebService 的相关标准，尽量做到标准访问和通用，同时需要制定数据传输接口的延时性、准确性等方面的约定。

9.3　总体技术路线

9.3.1　二维码技术

二维码（2-dimensional bar code）是用某种特定的几何图形按一定规律在平面（二维方向上）分布的黑白相间的图形记录数据符号信息的一种码制；在代码编制上巧妙地利用构成计算机内部逻辑基础的"0"、"1"比特流的概念，使用若干个与二进制相对应的几何形体来表示文字数值信息，通过图像输入设备或光电扫描设备自动识读以实现信息自动处理。它具有条码技术的一些共性：每种码制有其特定的字符集；每个字符占有一定的宽度；具有一定的校验功能等。同时还具有对不同行的信息自动识别、处理图形旋转变化等功能。二维码能够在横向和纵向两个方位同时表达信息，因此能在较小的面积内表达大量的信息。

　　本课题采用一维码、二维码标签技术对环保管理对象及环保业务信息等进行标识，系统通过智能感知终端对电子标签进行识别，结合业务场景，自动处理采集、识别电子标签信息，实现统一标签在不同业务场景下的不同响应。

9.3.2　信息　（数据）　融合技术

　　感知数据融合技术就是充分利用不同时间和空间的多传感器信息资源，采用计算机技术对按时序获得的多种传感器信息在一定准则下加以自动分析、综合、支配和利用，获得对被测对象的一致性解释与描述，以完成所需的决策与估计，使系统获得比其各组成部分单独作用时更加优越的性能。

　　本课题涉及的数据包括：环保管理对象基础信息；一维码、二维码、感知数据、本课题业务数据、空间数据及现有业务数据，系统通过对这些系统数据进行自动的分析、整理，实现多源异构数据的融合。

9.3.3　基于条码的流程驱动技术

　　条码作为简单数据存储和信息标识，已经在各个领域得到了广泛的应用，但是对于具有业务流程的应用场景来说，在整个流程驱动的过程中并没有条码的参与和明确的应用模式。因此提出了基于条码的流程驱动技术，结合条码的现场部署特性以及移动环保业务严格特性，将条码扫描融合到了环保的业务流程中，并且通过现场扫描条码进行流程驱动，有效地提高了各业务的规范化程度。

9.3.4　J2EE 技术应用

　　J2EE 技术具有以下特性。

　　（1）减少新系统的开发周期

　　J2EE 技术开发框架是一个开放的并被广泛支持的标准。使用 J2EE 架构可以大幅度缩短应用开发的周期，并简化系统开发的难度。

　　（2）提高系统的可伸缩性，增强可维护性

　　提供了广泛的负载均衡策略，可以消除系统中的瓶颈，从而提高系统的可扩展性，满足软件需要和业务变化。

　　（3）跨平台特性

　　"一次编写，随处运行"，Java 系统可以运行在不同的操作系统和硬件上。可支持 Windows Server、Linux 等主流操作系统，支持 weblogic、websphere、tomcat 等主流 J2EE 中间件。

9.3.5　Web Service 技术

　　Web Service 是使应用程序可以用与平台无关和与编程语言无关的方式进行相互通信的一项技术。Web Service 是一个软件接口，它描述了一组操作，可以在网络上通过标准化的 XML 消息传递来访问这组操作。它使用基于 XML 语言的协议来描述要执行的操作或者要与另一个 Web Service 交换的数据。一组用这种方式相互作用的 Web Service

在面向服务的体系结构（Service – oriented architecture，SOA）中定义了特殊的 Web Service 应用程序。

9.3.6　SOA 设计思路

SOA 有助于解决分散的 IT 布局，并解决与 IT 基础架构和应用程序的孤岛相关的困难。它通过以下优势实现了更高的灵活性。

① 较之传统的 EAI 解决方案，SOA 及其所基于的行业标准使得现有的孤岛化应用程序能够以更易于维护的方式进行无缝交互操作，具有较高的互操作性。

② 通过支持服务的重用，降低持续开发成本，缩短上市时间。此外，为编排服务构建的业务流程也可以公开服务，从而进一步增加重用。

③ 改善的可见性，SOA 可以通过支持将业务功能公开为服务、利用 BPM 技术使进行中的业务流程的状态自动化，能实现更敏捷的业务流程管理。

9.3.7　多层开发技术

采用 MVC 多层应用体系结构，使系统分为表现层、业务逻辑层和数据层三大独立的组成部分：表现层负责业务领域的表现视图；业务逻辑层负责控制用户输入输出的流和状态；数据层负责企业数据和业务规则。

9.3.8　基于 XML 和 GML 的数据交换协议

GML 是一个简单的基于文本的地理特征编码标准，是严格按照被广泛采用的 XML 标准制定的，已经被大多数的 GIS 系统开发商所接受。GML 具有"数据完整性的自动化校验、可以与非空间集成、转换、传递行为"等重要特征。在实际操作过程中，首先实现基于 XML/GML 标准格式的分布式的多源异构数据统一访问，产生 XML/GML 格式的数据流，使之通过各类 Web 服务实现内部应用系统之间的传输，驱动成业务数据模型，实现环保资源数据的具体应用。

9.3.9　O/R 对象关系映射

对象/关系数据库映射［object/relational mapping（ORM）］这个术语表示一种技术，用来把对象模型表示的对象映射到基于 SQL 的关系模型数据结构中去。该技术还提供数据查询和获取数据的方法，可以大幅度减少开发时人工使用 SQL 和处理数据的时间。

9.3.10　GIS 技术

地理信息系统（GIS）技术是近些年迅速发展起来的一门空间信息分析技术，在资源与环境应用领域中发挥着技术先导的作用。GIS 技术不仅可以有效地管理具有空间属性的各种资源环境信息，对资源环境管理和实践模式进行快速和重复的分析测试，便于制定决策、进行科学和政策的标准评价，而且可以有效地对多时期的资源环境状况及生产活动变化进行动态监测和分析比较，也可将数据收集、空间分析和决策过程综合为一个共同的信息流，明显地提高工作效率和经济效益，为解决资源环境问题及保障可持续发展提供技术支持。

9.3.11　移动互联网技术

移动互联网技术为无线接入互联网的用户提供了移动支持，为用户提供了极大方便。本系统的后期将考虑移动端应用的开发，移动互联网技术是本系统需要采用的一个技术。

9.4　原型系统设计

9.4.1　污染源条码编码系统

条码生成系统可生成单一企业的一维条码或二维条码，也可以按统一的编码规则批量生成污染源企业条码。生成的一维条码或二维条码图片可进一步下载、打印、或存储在数据库中。

▶9.4.1.1　单一生成条码

根据污染源编码、名称、单位地址、行业类别、行政区划、所在流域、投产日期等数据指标，按照 QR 二维码标准，生成污染源二维码，如图9-3所示。

图9-3　生成二维码功能

▶9.4.1.2　批量生成条码

选中要生成二维码的污染源记录，可按照 QR 二维码标准，为选中的污染源批量生成二维码，如图9-4所示。

▶9.4.1.3　下载和打印

（1）下载二维码

选中要下载的污染源二维码，选定下载格式（PDF 格式、SVG 格式、EPS 格式），将二维码文件下载到本地磁盘。

（2）打印二维码

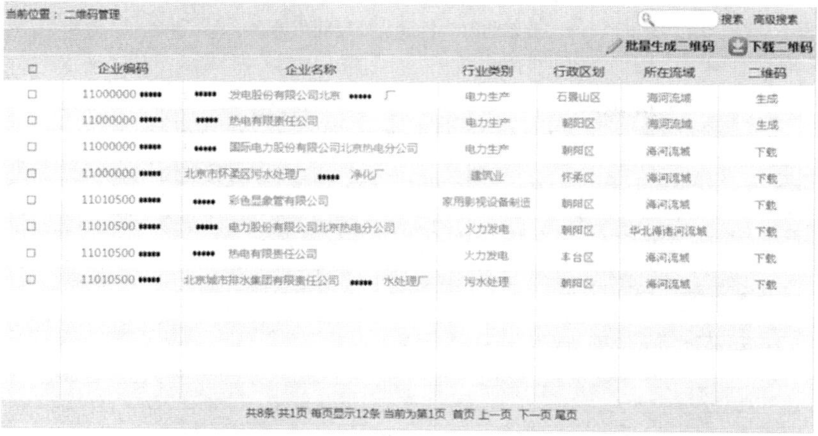

图9-4 污染源二维码功能

选中指定污染源二维码，可直接打印输出。

9.4.2 污染源条码解码系统

条码解码软件的功能是实现对一维条码或二维条码图片的解码，主要包括 PC 端解码软件和移动终端解码软件两个版本。图9-5 为一个解码示例。

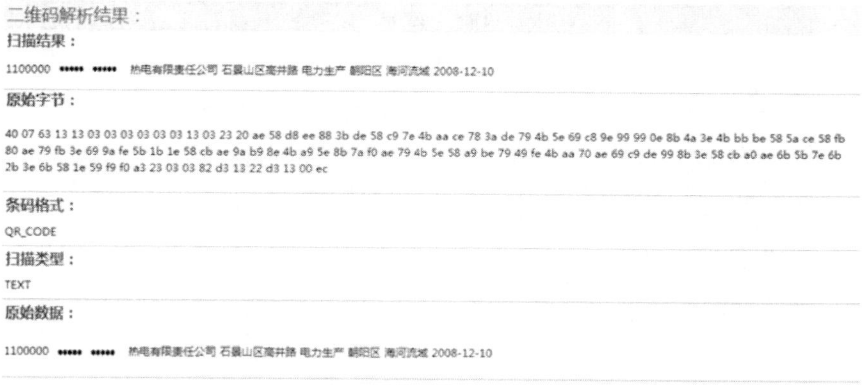

图9-5 二维码解析结果

9.4.3 污染源名录管理系统

该系统主要包括新增污染源、关停污染源、污染源条码发放、污染源条码变更功能。

（1）新增污染源

对工业污染源、农业污染源、生活污染源和集中式污染治理设施 4 种污染源进行新增处理。新增工业污染源功能与新增污水处理厂功能分别如图9-6、图9-7 所示。

（2）关停污染源

可对关停的污染源信息进行维护，将正常状态的污染源变为关停状态，进入关停污染源名录库。

工业企业污染排放及处理利用情况

企业状态：			组织机构代码：		
填报单位详细名称：			曾用名：		
法定代表人：			行政区划代码		
详细地址	省(自治区、直辖市)		地区(市、州、盟)		街(村)、门牌号
	乡(镇)				
企业地理位置	中心经度		°	′	″
	中心纬度		°	′	″
联系方式	电话号码：		联系人：		
	传真号码：		邮政编码：		
登记注册类型					
企业规模					
所属集团公司					
行业类别	行业名称：		行业代码：		
开业时间					
所在流域	流域名称：		流域代码：		
排水去向类型	D|进入城市下水道(再入沿海海域)				
排入的污水处理厂	污水处理厂名称：		污水厂处理代码：		
受纳水体	受纳水体名称：		受纳水体代码：		

图 9-6　新增工业污染源功能

污水处理厂运行情况

组织机构代码：			单位名称：		
运营单位名称：					
法定代表人					
行政区划代码					
详细地址	(自治区、直辖市) 地区(市、州、盟)			县(区、市、旗)	
	乡(镇)			街(村)、门牌号	
企业地理位置	中心经度		°	′	″
	中心纬度		°	′	″
联系方式	电话号码：		联系人：		
	传真号码：		邮政编码：		
污水处理设施类型					
建成时间					
污水处理级别					
污水处理方法①名称及代码					
污水处理方法②名称及代码					
排水去向类型					
受纳水体	受纳水体名称：		受纳水体代码：		

图 9-7　新增污水处理厂功能

（3）条码发放

结合条码生成功能，将污染源企业条码进行存储记录，并发放给对应的企业。

（4）条码变更

结合条码生成功能，根据变更后的企业信息重新生成条码，更新名录库中的污染源信息和条码，并记录变更过程。

9.4.4　污染源信息查询和统计分析系统

根据污染源条码制统计方法及其示范研究成果，建立污染源信息查询和统计分析系统。

（1）移动终端条码扫描信息查询

单污染源企业信息的查询可通过条码解码软件在移动终端上通过扫描一维条码查

询该污染源企业的相关信息。二维码信息查询功能如图 9-8 所示。

图 9-8　二维码信息查询功能

（2）PC 端条件查询

在 PC 端的查询统计软件中按照污染源类型、污染源名称、行政区划、行业类别、所在流域等组合条件，检索污染源，浏览污染源基本信息。

条件查询功能与结果如图 9-9、图 9-10 所示。

图 9-9　条件查询功能

（3）污染源统计分析

可按省（自治区、直辖市）、市（市、州、盟）、县（区、市、旗）、登记注册类型汇总、企业规模汇总、收纳水体汇总、排水去向类型汇总、行业类型汇总、所属集团公司汇总、治理类型汇总、项目类型汇总、固体废物汇总、危险废物汇总、企业状态汇总等条件对各类污染源污染排放及处理利用情况统计报表进行汇总。

工业企业污染排放及处理利用情况

企业状态:			组织机构代码:		
填报单位详组名称:			常用名:		
法定代表人:			行政区划代码:		
详细地址	省(自治区、直辖市)		地区(市、州、盟)		县(区、市、旗)
	乡(镇)				街(村)、门牌号
企业地理位置	中心经度			·	′ ″
	中心纬度			·	′ ″
联系方式	电话号码:		联系人:		
	传真号码:		邮政编码:		
登记注册类型					
企业规模					
所属集团公司					
行业类别	行业名称:				行业代码:
开业时间					
所在流域	流域名称:				流域代码:
排水去向类型	D	进入城市下水道(再入沿海海域)			
排入的污水处理厂	污水处理厂名称:				污水处理厂代码:
受纳水体	受纳水体名称:				受纳水体代码:

指标名称	计量单位	代码	本季实际
甲	乙	丙	1
一、企业基本情况	—	—	—
季度工业总产值(当年价)	万元	1	781282.33
季度正常生产时间	天	2	65.00
工业用水量	吨	3	233.23
其中:取水量	吨	4	2221.00
煤炭消耗量	吨	5	322.00
其中:燃料煤消耗量	吨	6	321.00
燃料煤平均含硫量	%	7	2323.00
燃料煤平均灰分	%	8	323.00
燃料煤平均干燥无灰基挥发分	%	9	323.00
燃料油消耗量(不含车船用)	吨	10	332.00
燃料油平均含硫量	%	11	32.00
主要原辅材料用量	—	—	—
1)		12	433.00
2)		13	433.00
3)		14	343.00
主要产品生产情况	—	—	—
1)		15	34.00
2)		16	34.00
3)		17	34.00
二、工业废水	—	—	—
工业废水处理量	吨	18	53.00
工业废水排放量	吨	19	34.00
化学需氧量产生量	吨	20	43.00
化学需氧量排放量	吨	21	443.00
氨氮产生量	吨	22	432.00
氨氮排放量	吨	23	434.00
石油类排放量	吨	24	43.00
挥发酚排放量	千克	25	34.00
氰化物排放量	千克	26	433.00
砷排放量	千克	27	34.00
铅排放量	千克	28	434.00
汞排放量	千克	29	43.00
镉排放量	千克	30	34.00
总铬排放量	千克	31	4.00
六价铬排放量	千克	32	4.00
三、工业废气	—	—	—
工业废气排放量	万立方米	33	43.00
二氧化硫产生量	吨	34	43.00
二氧化硫排放量	吨	35	3.00
氮氧化物产生量	吨	36	43.00
氮氧化物排放量	吨	37	43.00

图 9-10 条件查询结果

统计分析展现形式采用报表、图表、GIS 等方式进行直观展示。

(4) 数据汇总

可按省（自治区、直辖市）、地区（市、州、盟）、县（区、市、旗）、登记注册类型汇总、企业规模汇总、收纳水体汇总、排水去向类型汇总、行业类型汇总、所属集团公司汇总、治理类型汇总、项目类型汇总、固体废物汇总、危险废物汇总、企业状态汇总等条件对各类污染源污染排放及处理利用情况统计报表进行汇总（见表 9-1），具体报见图 9-11 ~ 图 9-13。

表 9-1　各类污染排放及处理利用情况表

序号	分类	表名
1	污染源	污染源基本信息表
2	工业源	工业企业污染排放及处理利用情况 基 101 表
3		火电企业污染排放及处理利用情况 基 102 表
4		水泥企业污染排放及处理利用情况 基 103 表
5		钢铁冶炼企业污染排放及处理利用情况 基 104 表
6		制浆及造纸企业污染排放及处理利用情况 基 105 表
7		工业企业污染源防治投资情况 基 106 表
8		各地区非重点调查工业企业污染排放及处理利用情况 综 108 表
9	农业源	规模化畜禽养殖场小区污染排放及处理利用情况 基 201 表
10		各地区农业污染排放及处理利用情况 综 202 表
11	生活源	各地区城镇生活污染排放及处理情况 综 301 表
12		各地区县（市、区、旗）城镇生活污染排放及处理情况 综 301 表
13	集中式	污水处理厂运行情况 基 501 表
14		生活垃圾处理厂（场）运行情况 基 502 表
15		危险废物（医疗废物）集中处理（置）厂运行情况 基 503 表

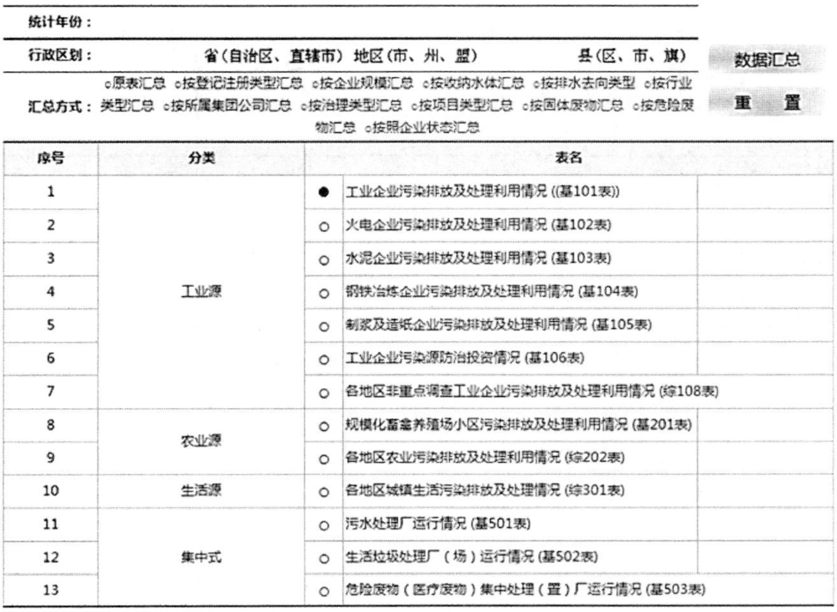
统计年份：
行政区划：　省(自治区、直辖市)　地区(市、州、盟)　县(区、市、旗)　数据汇总
汇总方式：○原表汇总 ○按登记注册类型汇总 ○按企业规模汇总 ○按收纳水体汇总 ○按排水去向类型汇总 ○按行业类型汇总 ○按所属集团公司汇总 ○按治理类型汇总 ○按项目类型汇总 ○按固体废物汇总 ○按危险废物汇总 ○按照企业状态汇总　重　置

序号	分类	表名
1	工业源	● 工业企业污染排放及处理利用情况 ((基101表))
2		○ 火电企业污染排放及处理利用情况 (基102表)
3		○ 水泥企业污染排放及处理利用情况 (基103表)
4		○ 钢铁冶炼企业污染排放及处理利用情况 (基104表)
5		○ 制浆及造纸企业污染排放及处理利用情况 (基105表)
6		○ 工业企业污染源防治投资情况 (基106表)
7		○ 各地区非重点调查工业企业污染排放及处理利用情况 (综108表)
8	农业源	○ 规模化畜禽养殖场小区污染排放及处理利用情况 (基201表)
9		○ 各地区农业污染排放及处理利用情况 (综202表)
10	生活源	○ 各地区城镇生活污染排放及处理情况 (综301表)
11	集中式	○ 污水处理厂运行情况 (基501表)
12		○ 生活垃圾处理厂（场）运行情况 (基502表)
13		○ 危险废物（医疗废物）集中处理（置）厂运行情况 (基503表)

图 9-11　数据汇总功能

省份：河北省　　　地市：唐山市　　　　　统计日期：2014年第1季度

指标名称	计量单位	代码	本季实际	指标名称	计量单位	代码	本季实际
一、企业情况	—	—	—	氰化物排放量	kg	20	
汇总工业企业数	个	1		砷排放量	kg	21	
季度工业总产值（当年价格）	万元	2		铅排放量	kg	22	
工业用水量	10^4t	3		汞排放量	kg	23	
其中：取水量	10^4t	4		镉排放量	kg	24	
煤炭消耗量	10^4t	5		总铬排放量	kg	25	
其中：燃料煤消耗量	10^4t	6		六价铬排放量	kg	26	
燃料煤平均含硫量	%	7		三、工业废气	—	—	—
燃料煤平均灰分	%	8		工业废气排放量	10^4m³	27	
燃料煤平均干燥无灰基挥发分	%	9		二氧化硫产生量	t	28	
燃料油消耗量（不含车船用）	t	10		二氧化硫排放量	t	29	
燃料油平均含硫量	%	11		氮氧化物产生量	t	30	
二、工业废水	—	—	—	氮氧化物排放量	t	31	
工业废水处理量	10^4t	12		烟（粉）尘产生量	t	32	
工业废水排放量	10^4t	13		烟（粉）尘排放量	t	33	
化学需氧量产生量	t	14		砷排放量	kg	34	
化学需氧量排放量	t	15		铅排放量	kg	35	
氨氮产生量	t	16		汞排放量	kg	36	
氨氮排放量	t	17		镉排放量	kg	37	
石油类排放量	t	18		总铬排放量	kg	38	
挥发酚排放量	kg	19		六价铬排放量	kg	39	

图 9-12　全国工业企业污染排放及处理情况

省份：河北省　　　地市：唐山市　　　　　统计日期：2014年第1季度

指标名称	计量单位	代码	本季实际
污水处理厂数	个	1	
用电量	kW·h	2	
污水实际处理量	10^4t	3	
再生水利用量	10^4t	4	
污泥产生量	10^4t	5	
污泥处置量	10^4t	6	
污泥倾倒丢弃量	10^4t	7	
化学需氧量去除量	t	8	
氨氮去除量	t	9	
油类去除量	t	10	
总氮去除量	t	11	
总磷去除量	t	12	
挥发酚去除量	kg	13	
氰化物去除量	kg	14	
砷去除量	kg	15	
铅去除量	kg	16	
汞去除量	kg	17	
镉去除量	kg	18	
总铬去除量	kg	19	
六价铬去除量	kg	20	

图 9-13　全国污水处理厂运行情况

（5）GIS 展示

基于空间地图，按照污染源类型、行政区划、所在流域、污染源名称等检索污染源，在地图上显示符合检索条件的污染源点位，在地图上点击污染源，显示该污染源污染排放及处理情况信息。

9.5 关键技术研究

9.5.1 条形码写入数据压缩技术

▶ 9.5.1.1 目前主要压缩算法比较

（1）Huffman 编码算法

哈夫曼编码是一种编码方式，是可变字长编码（VLC）的一种。Huffman 于 1952 年提出这种编码方法，该方法完全依据字符出现概率来构造异字头的平均长度最短的码字。哈夫曼算法在改变任何符号二进制编码引起少量密集表现方面是最佳的。然而，它并不处理符号的顺序和重复或序号的序列。

编码的原理：将使用次数多的代码转换成长度较短的代码，而使用次数少的可以使用较长的编码，从而使得编码的总长度最短。并且保持编码的唯一可解性，即 Huffman 编码是前缀码。

1）用 Huffman 算法构造一颗有 n 个叶子（每个叶子具有一个权值）的二叉树的过程如下。

① 根据 n 个权值 $\{w_1, w_2, \cdots, w_n\}$ 构成 n 棵二叉树的集合 $F = \{T_1, T_2, \cdots, T_n\}$，其中每棵二叉树 T_i 中只有一个带权为 w_i 的根结点，其左右子树均为空。

② 在 F 中选取 2 棵根结点的权值最小的树作为左右子树来构造一棵新的二叉树，且置新的二叉树的根结点的权值为其左、右子树结点的根结点的权值之和。

③ 在 F 中删除这 2 棵树，同时将新得到的二叉树加入到 F 中。

重复②和③，直到 F 中只含 1 棵树为止。称这棵树为最优二叉树（或哈夫曼树）。

如果约定将每个结点的左分支表示字符"0"，右分支表示字符"1"，则可以把从根节点到某叶子结点的路径上分支字符组成的字符串作为该叶子结点的编码。

对于所有可能传输的字符，令每个字符对应一个叶结点，权值为其出现的频率，那么根据哈夫曼算法构造出二叉树后，就得到了每个字符的二进制编码。利用哈夫曼树编码的特点，权重越大越靠近根节点，得到的编码就越短的原理，而如果把字符出现次数作为权重的话，文本当中出现次数最多的字符就被压缩成了很短的编码。根据构造过程可知，这种编码方案得到的字符的编码长度的数学期望值为最小，因此这种编码方案是一个最优前缀码。在构造过程中，每次都是选取 2 棵最小权值的二叉树进行合并，做出的是贪心选择。

为了在解压缩的时候，得到压缩时所使用的 Huffman 树，需要在压缩文件中，保存树的信息，也就是保存每个符号的出现次数的信息。

2）使用 Huffman 编码进行压缩过程如下。

① 读文件，统计每个符号的出现次数。

② 根据每个符号的出现次数，建立 Huffman 树，得到每个符号的 Huffman 编码。

③ 将每个符号的出现次数的信息保存在压缩文件中，将文件中的每个符号替换成它的 Huffman 编码，并输出。

3）解压缩过程如下。

① 得到保存在压缩文件中的，每个符号的出现次数的信息。

② 根据每个符号的出现次数，建立 Huffman 树，得到每个符号的 Huffman 编码。

③ 将压缩文件中的每个 Huffman 编码替换成它对应的符号，并输出。

在数据实际的压缩过程中，由于 Huffman 编码需要对每个字符进行统计，得到概率分布，所以用硬件实现时需要一个比较大的缓存，且实时性处理比较难。

（2）LZW 算法

LZW 压缩算法是基于 LZ77 思想的一个变种，LZW 压缩效率较高。由 Lemple - Ziv - Welch 三人共同创造，用他们的名字命名。LZW 是 GIF 图片文件的压缩算法，而且 zip 压缩的思想也是基于 LZW 实现的，所以 LZW 对文本文件具有很好的压缩性能，并且可以用任何一种语言来实现它。

LZW 压缩算法的基本原理：提取原始文本文件数据中的不同字符，基于这些字符创建一个编码表，然后用编码表中的字符的索引来替代原始文本文件数据中的相应字符，减少原始数据大小。它采用了一种先进的串表压缩，将每个第一次出现的串放在一个串表中，用一个数字来表示串，压缩文件只存贮数字，则不存贮串，从而使图像文件的压缩效率得到较大的提高。而且不管是在压缩还是在解压缩的过程中都能正确的建立这个串表，压缩或解压缩完成后，这个串表又被丢弃。

LZW 算法中，首先建立一个字符串表，把每一个第一次出现的字符串放入串表中，并用一个数字来表示，这个数字与此字符串在串表中的位置有关，并将这个数字存入压缩文件中，如果这个字符串再次出现时，即可用表示它的数字来代替，并将这个数字存入文件中。压缩完成后将串表丢弃。如"print"字符串，如果在压缩时用 266 表示，只要再次出现，均用 266 表示，并将"print"字符串存入串表中，在图像解码时遇到数字 266，即可从串表中查出 266 所代表的字符串"print"，在解压缩时串表可以根据压缩数据重新生成。

以输入数据为：A B A B A B A B B B A B A B A A C D A C D A D C A B A A A B A B……为例，LZW 算法过程如下。

① 设定初始标号集，注意原数据中只包含 4 个 character，A，B，C，D 用两 bit 即可表述，根据 LZW 算法，首先扩展一位变为 3 为，Clear = 2 的 2 次方 = 4；End = 4 + 1 = 5；所以初始标号集如表 9-2 所列。

表 9-2 初始标号集

0	1	2	3	4	5
A	B	C	D	Clear	End

② 压缩过程如表 9-3 所列。

表 9-3 LZW 算法压缩过程

第几步	前缀	后缀	Entry	认识（Y/N）	输出	标号
1		A	（ ，A）			
2	A	B	(A，B)	N	A	6

续表

第几步	前缀	后缀	Entry	认识（Y/N）	输出	标号
3	B	A	（B，A）	N	B	7
4	A	B	（A，B）	Y		
5	6	A	（6，A）	N	6	8
6	A	B	（A，B）	Y		
7	6	A	（6，A）	Y		
8	8	B	（8，B）	N	8	9
9	B	B	（B，B）	N	B	10
10	B	B	（B，B）	Y		
11	10	A	（10，A）	N	10	11
12	A	B	（A，B）	Y		
…	…	…	…	…	…	…

当进行到第 12 步的时候，标号集如表 9-4 所列。此时压缩结果为：AB68B10……

表 9-4　LZW 算法 12 步后的标号集

0	1	2	3	4	5	6	7	8	9	10	11
A	B	C	D	Clear	End	AB	BA	6A	8B	BB	10A

LZW 算法流程如图 9-14 所示。

LZW 属于无损压缩编码，该编码主要用于图像数据的压缩。对于简单图像和平滑且噪声小的信号源具有较高的压缩比，并且有较高的压缩和解压缩速度。由于专利权原因，LZW 没有得到像 LZ77 一样的流行。

（3）Lemple – Ziv（LZ77）算法

LZ77 算法是目前无损压缩的一种主要算法，在 ZIP 和 GZIP 的压缩中，主要的算法都是 deflate，而 deflate 算法实际上就是 LZ77 算法和 Huffman 的组合。

LZ77 算法是一种基于滑动窗口或称之为滑动字典的压缩。如果文件中有两块内容相同的话，那么只要知道前一块的位置和大小，我们就可以确定后一块的位置和内容。所以我们可以用（两者之间的距离，相同内容的长度）这样一对信息来替换后一块内容。由于（两者之间的距离，相同内容的长度）这一对信息的大小，小于被替换内容的大小，所以文件得到了压缩。

LZ77 从文件的开始处开始，一个字节一个字节地向后进行处理。一个固定大小的窗口（在当前处理字节之前，并且紧挨着当前处理字节）随着处理的字节不断地向后滑动。对于文件中的每个字节，用当前处理字节开始的串与窗口中的每个串进行匹配，寻找最长的匹配串。窗口中的每个串指窗口中每个字节开始的串。如果当前处理字节开始的串在窗口中有匹配串，就用（之间的距离，匹配长度）这样一对信息来替换当前串，然后从刚才处理完的串之后的下一个字节继续处理。如果当前处理字节开始的串在窗口中没有匹配串，就不做改动地输出当前处理字节。

（4）LZ77 算法分析

1）LZ77 算法的基本流程如图 9-15 所示。

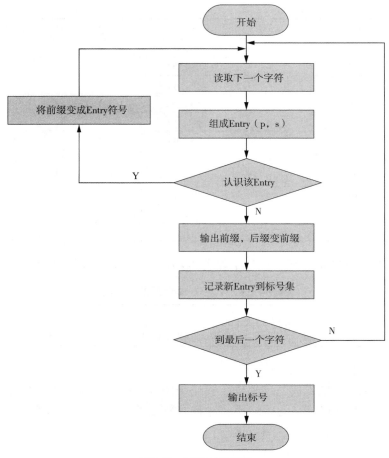

图 9-14   LZW 算法流程

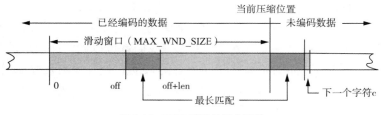

图 9-15   LZ77 算法的基本流程

① 从当前压缩位置开始，考察未编码的数据，并试图在滑动窗口中找出最长的匹配字符串（使用哈希表），如果找到，则进行步骤②，否则进行步骤③。

② 输出三元符号组（off，len，c）。其中 off 为窗口中匹配字符串相对窗口边界的偏移，len 为可匹配的长度，c 为下一个字符。然后将窗口向后滑动 len + 1 个字符，继续步骤①。

③ 输出三元符号组（0，0，c）。其中 c 为下一个字符。然后将窗口向后滑动 len + 1 个字符，继续步骤①。

2）以一串字母数据压缩为例，假设窗口的大小为 10 个字符，刚编码过的 10 个字符是 abcdbbccaa，即将编码的字符为 abaeaaabaee。

①可以和要编码字符匹配的最长串为 ab（off＝0，len＝2），ab 的下一个字符为 a，所以输出三元组（0，2，a）；窗口向后滑动 3 个字符，窗口中的内容为 dbbccaaaba。

②下一个字符 e 在窗口中没有匹配，输出三元组（0，0，e），窗口向后滑动 1 个字符，其中内容变为 bbccaaabae。

③可以和要编码字符匹配的最长串为 ab（off＝0，len＝2），ab 的下一个字符为 a，输出三元组（0，2，a），窗口向后滑动 3 个字符，窗口中的内容为：dbbccaaaba。

④下一个字符 e 在窗口中没有匹配，输出三元组：（0，0，e），窗口向后滑动 1 个字符，其中内容变为 bbccaaabae。

⑤要编码的 aaabae 在窗口中存在（off＝4，len＝6），其后的字符为 e，可以输出（4，6，e）。

最后将可以匹配的字符串都变成了指向窗口内的指针，并由此完成了对上述数据的压缩。

解压缩的过程较为简单，只要像压缩时那样维护好滑动的窗口，随着三元组的不断输入，在窗口中找到相应的匹配串，缀上后继字符 c 输出（如果 off 和 len 都为 0 则只输出后继字符 c）即可还原出原始数据。

（5）DEFLATE 算法

DEFLATE 算法是 LZ77 算法和 Huffman 编码的组合。GZIP、ZIP 即采用这个算法。如前所述，LZ77 算法先将文件压缩表示为含有（匹配串偏移量，匹配长度）的二元组的方式，Huffman 编码再进一步对匹配串偏移量、匹配长度进行压缩。在 LZ77 算法中，需要用到哈希表对字符串进行匹配。这两种算法的具体实现过程前面已经详细论述过，在此就不再多加讨论。

DEFLATE 算法集合了 LZ77 与 Huffman 编码的优势，并且不受任何专利权制约。它具有通用的开放源码无版权工业标准，因此得到了广泛应用。

（6）主要压缩算法性能比较

通过以上对几个主要压缩算法的阐述和基本原理的介绍，对主要的几种压缩算法之间的差异进行比较，归纳它们的特点如表 9-5 所列。

表 9-5　几种主要压缩算法性能比较

算法	实时性	复杂度	存储面积	压缩率	适用场合
Huffman	需要预处理，实时性差	一般	较大，需预存数据	很好	任何数据
LZ77	较好	一般	窗口的面积，一般几 K	较好	任何数据，特别适用于局部相关性好的数据
LZW	较好	一般	字典的面积，一般几 K	较好	任何数据，特别适用于全局或局部相关性好的数据
DEFLATE 算法	较好	一般	窗口的面积	很好	任何数据，特别适用于局部相关性好的数据

▶ 9.5.1.2　二维码信息压缩实现

本系统拟采用传统的 B/S 架构，以 J2EE 框架技术作为系统实现。为了减少网络数据的传输量，有多种压缩算法实现完成数据压缩的目标，开发者可以依据项目情况选取适当的实现，提升项目性能。

（1）GZIP

DEFLATE 算法用途十分广泛，采用它的 GZIP 压缩目前在 HTTP 压缩中非常流行，可以实现在一端压缩数据，而在另一端解压缩的方式减少数据的传输量。而 DEFLATE 算法实际上是 LZ77 与 Huffman 编码的联合应用，gzip 对于要压缩的文件，首先使用 LZ77 算法将文件压缩表示为含有（匹配串偏移量，匹配长度）的二元组的方式，Huffman 编码再进一步对匹配串偏移量、匹配长度进行压缩。

GZIP 是一种文件压缩工具（或该压缩工具产生的压缩文件格式），它的设计目标是处理单个的文件。GZIP 也是一种数据压缩格式，可以大体分为头部、数据部和尾部三个部分；其中头部和尾部主要是一些文档属性和校验信息（rfc1952），数据部主要是用 DEFLATE 方法压缩得到的数据。

GZIP 常常用在 Linux 环境下，是一种非常简单的压缩算法。在 JDK API 中，只定义了 GZIPInputStream 和 GZIPOutputStream 两种类型的流（Stream）对象，用于在基于流的数据传输过程中实现数据压缩；其中，GZIPOutputStream 类用于压缩，GZIPInputStream 类用于解压缩。

（2）Zlib

Zlib 是一个通用的压缩开源库，提供了在内存中压缩和解压的函数，包括对解压后数据的校验。目前版本的 Zlib 只支持 DEFLATE 方法，它的设计目标是处理单纯的数据（而不管数据的来源是什么）。

Java SDK 提供了 Inflater 类和 Deflater 类直接用 zlib 库对数据进行压缩、解压缩，而这两个类使用流行的 ZLIB 压缩程序库为通用压缩、压缩提供支持。

（3）Zip

Zip 适用于压缩多个文件的格式（相应的工具有 PkZip 和 WinZip 等），因此，Zip 文件还要进一步包含文件目录结构的信息，比 gzip 的信息更多。Java SDK 提供了 ZipFile、ZipInputStream、ZipOutputStream 对 Zip 格式文件进行压缩/解压缩。

（4）QR 码压缩算法实现

本课题在二维码生成过程中需要对二维码所携带的信息进行压缩/解压缩，对几种压缩算法性能和适用范围进行比较之后，选用 DEFLATE 算法作为底层算法，而该算法实际上就是 LZ77 算法和 Huffman 算法的组合实现，所以性能上可以达到很好的压缩效果。又因为 GZIP 压缩最接近 RFC1951 文档中关于 DEFLATE 算法的描述，所以从容量、压缩效率及实用性方面综合考虑，最终采用在 Web 服务方面应用最广泛的 GZIP 压缩算法实现二维码携带数据的压缩与解压缩。JDK API 中提供的 GZIPOutputStream 只有一个方法用于压缩，就是带定长的 Write 方法。相应地，对于解压缩，GZIPInputStream 也对应 GZIPOutputStream 提供了一个带定长的读方法。

以 GZIP 压缩算法为例压缩字符串，以污染源企业基本信息为原始数据，数据包括单位名称、法定代表人、所属集团公司、行业类别、所在流域、排水去向、是否重点污染源等等需要生成 QR 二维码的数据。

以中国汉字的测试为例，QR 码对于未经压缩的中国汉字最大容量为 980 个左右，经过压缩之后可容纳近 1500 个汉字。而且随着数据量的增大，特别是对于数据相关性比较高的数据压缩效率会大幅度提高，压缩效果更加明显。

9.5.2　条形码生成与编码加密技术

▶9.5.2.1　二维码编码算法研究

（1）QR 码编码综述

二维码的编码是指借助相关技术用原始数据生成二维码的过程，二维码编码技术就是在编码过程中所用到的所有相关技术的集合。QR 码模块作为一个通用的二维码编码功能组件，所提供的功能完全和国家标准一致。提供对数字、字母、8 位字节模式和中国汉字等模式对应的编码方法，同时也提供对应选择编码等级和纠错等级的功能。QR 码编码的主要流程如图 9-16，过程描述如下所示。

1）数据分析　对原始数据进行分析，确定数据类型，然后根据类型选择编码效率最高的编码模式。

2）数据编码　根据数据分析得到的编码模式，将数据字节转换为二进制位流。

3）纠错编码　采用纠错码技术生成相应的纠错码，如果数据较大，首先需要对数据进行分块，然后生成每个数据块的纠错码，按照分块顺序合并作为最终的纠错码。

4）布置模块　首先组合数据码字和纠错码字，构成最终的数据码字；然后根据需求添加相应的版本、格式、定位等结构，并根据定义好的规则在矩阵中布置模块。

图 9-16　QR 码编码的主要流程

5）掩模　用不同的掩模图形对编码区进行掩模处理，评价掩模结果，选择掩模评估结果最好的进行掩模。

（2）QR 码数据编码技术

引入数据编码的目的在于提高数据压缩率和编码效率，增大了二维码可存储数据的范围。二维码的数据编码方法分为三步：首先，根据数据分析的结果选择合适的编码模式；然后，使用相应的编码模式进行数据编码；最终，将原始数据转换为二进制流。

1）数据分析　数据分析主要是对编码数据进行预处理，区分中文和非中文数据并打上标签，为编码时所用。中文以首字母 C 标记，其他由首字母 E 标记。

2）编码模式　相比其他的二维码，QR 码的可编码内容更加丰富，QR 的编码模式主要有数字模式、字母模式、字母数字模式、8 位字节模式、汉字模式等常用模式。

编码规则为：将输入的数据每三位分为一组，将每组数据转换为 10 位二进制数。如果所输入的数据的位数不是 3 的整数倍，所余的 1 位或 2 位数字应分别转换为 4 位或 7 位二进制数。将二进制数据连接起来并在前面加上模式指示符和字符计数指示符。数字模式中字符计数指示符如表 9-6 中定义的有 10、12 或 14 位。输入的数据字符的数量转换为 10、12 或 14 位二进制数后，放置在模式指示符之后，二进制数据序列之前。

表 9-6　字符计数指示符的位数

版本	数字模式	字母数字模式	8 位字节模式	中国汉字模式
1 ~ 9	10	9	8	8
10 ~ 26	12	11	16	10
27 ~ 40	14	13	16	12

以数字模式为例描述编码的过程如下（在此采用符号版本 1 – H）。

输入的数据：01234567

① 分为 3 位一组：012　345　67

② 将每组转换为二进制：012→0000001100；345→0101011001；67→1000011。

③ 将二进制数连接为一个序列：0000001100　0101011001　1000011。

④ 将字符计数指示符转换为二进制（版本 1 – H 为 10 位）：字符数为 8→0000001000。

⑤ 加入模式指示符 0001 以及字符计数指示符的二进制数据：0001　0000001000　0000001100　0101011001　1000011。

如果数据较单一，仅为数字、字母或者是汉字，直接选择相应的编码模式进行编码效率较高。但是实际情况下往往数据类型较为复杂，可能同时存在 2 种或多种数据类型，如果依然采用简单的编码模式，就需要增加大量的空间来存储用来进行模式区分的数据，而如果选择复杂的编码模式又会降低编码效率。下面对常用数据类型的编码模式选择进行简单分析，从表 9-7 可以看出，数据越复杂，压缩编码越困难，压缩率也就越低。

表 9-7　常用数据类型的编码模式

数据类型	字符总数	编码方法	数据压缩率
数字	10	3 个字符表示为 10 位二进制	41.7%
大写字母或小写字母	26	1 个字符表示为 5 位二进制	62.5%
大、小写字母	52	1 个字符表示为 6 位二进制	75%
数字、字母和常用标点	71	3 个字符表示为 19 位二进制	79.1%
汉字	7445	1 个汉字表示为 13 位二进制	81.3%

3）编码模式转换　在同一个二维码中可能存在多种编码模式，为了区分不同的编码模式，可以为不同的编码模式分配一个唯一的模式编号。具体编码时，首先使用相应的编码模式对数据进行编码，然后在编码后的信息前添加数据长度和模式编号。如果需要将数据编码模式由一种转换为另一种，则只需要在两个编码模式之间增加模式转换码字；模式转移码字则只是用于将下一个码字的编码模式转换为字节模式，随后恢复到当前的编码模式。

增加编码模式编号的方法，编码简单，但是实际编码时需要在模式编号后添加对应编码数据的长度来分离不同的数据段，增加了编码所占用的空间。使用模式锁定和模式转移码字来进行数据模式的转换，不需要额外的添加数据字节长度的信息，节省了空间，但是编码相对复杂。如表 9-8 所列。

表 9-8　掩模模式切换方法比较

项目	分配掩模编号	增加模式锁定和模式转移码字
占用空间	较大（需要增加数据长度信息）	较小
编码复杂度	简单	复杂

4）二维码纠错码构造方法　纠错码的基本原理：将冗余加在信息上，以便纠正信息在存储和传输中可能发生的错误。基本形式是将冗余符号附加在信息符号的后面的编码序列或者码字。二维码的纠错主要采用 BCH 纠错码和 RS（Reed – Solomon）纠错码，RS 纠错码和二元域的 BCH 纠错码都是基于有限域代数，且 RS 码可以视为多元域上的 BCH 码，两者编码的原理是相同的，RS 码是纠正短突发差错的首选纠错码。因此，BCH 纠错码主要用于版本和格式信息等二进制数据的纠错，RS 纠错码用于对非二进制表示的数据信息进行纠错编码。BCH 码构造方法如下。

①　由关系式 $n = 2m - 1$ 算出 m，通过查表得到 m 次的本原多项式 $P(x)$，从而产生一个 $GF(2m)$（有限域，又称为伽罗华域 Galois fields）的扩域。

②　在 $GF(2m)$ 上根据 $P(x)$ 所定义的本原元 a，找到 a_i（$\forall i \in [l, 2t]$，纠错能力为 t）所对应的 $GF(2m)$ 上的最小多项式 $mi(x)$。

③　根据设计纠错能力为 t，计算 $mi(x)$ 的最小公倍式，作为 BCH 码的生成多项式 $g(x) = LCM \{mi(x)\}$，$\forall i \in [l, 2t]$。

④ 根据关系式 $C(x) = M(x) \, g(x)$ 对信息位多项式 $M(x)$ 编码得到码字多项式 $C(x)$，完成 BCH 码的编码。

5）码字布置及掩模计算　对编码数据流需要进行掩膜计算和按规则将数据填充进图形中去。增加掩模操作是为了提高二维码的可读性，即尽量均衡地安排黑、白模块，同时还要避免条码中出现与定位图像、寻像图像等图形结构相同的图形。

掩模步骤如下。a. 根据不同的掩模方案生成相应的掩模图形，不同码制的二维码的掩模方案也不尽相同；b. 用掩模图形对生成的二维码图像的编码区域进行掩模，即用掩模图形与二维码图像进行异或操作；c. 对不同的掩码方案的掩码结果进行评价，选择最合适的掩模图形进行掩模操作。

① 功能图形的布置。按照与使用的版本相对应的模块数构成空白的正方形矩阵。在寻像图形、分隔符、定位图形以及校正图形相应的位置，填入适当的深色浅色模块。格式信息和版本信息的模块位置暂时空置。

② 符号字符的布置。在 QR 符号的编码区域中，符号字符以 2 个模块宽的纵列从符号的右下角开始布置，并自右向左，且交替地从下向上或从上向下安排。下面给出了符号字符以及字符中位的布置原则。

Ⅰ. 位序列在纵列中的布置为从右到左，向上或向下应与符号字符的布置方向一致。

Ⅱ. 每个码字的最高位（表示为位 7）应放在第一个可用的模块位置，以后的放在下一个模块的位置。如果布置的方向是向上的，则最高位占用规则模块字符的右下角的模块，布置的方向向下时为右上角。如果先前的字符结束于右侧的模块纵列，最高位可能占据不规则符号字符的左下角模块的位置，如图 9-17 所示。

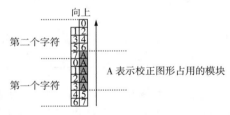

图 9-17　临近校正图形的位布置示例

Ⅲ. 如果符号字符的两个模块纵列同时遇到校正图形或定位图形的水平边界，可以在图形的上面或下面继续布置，如同编码区域是连续的一样。

Ⅳ. 如果遇到符号字符区域的上或下边界（即符号的边缘，格式信息，版本信息或分隔符），码字中剩余的位应改变方向放在左侧的纵列中。

Ⅴ. 如果符号字符的右侧模块纵列遇到校正图形或版本信息占用的区域，位的布置形成不规则排列符号字符，在相邻校正图形或版本信息的单个纵列继续延伸。如果字符在可用于下一个字符的两列纵列之前结束，则下一个符号字符的首位放在单个纵列中，见图 9-18。

③ 掩膜图形。

表 9-9 给出了掩模图形的参考（放置于格式信息中的二进制参考）和掩模图形生

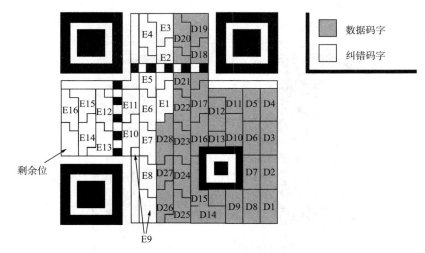

图 9-18　2 − M 符号的符号字符布置

成的条件。掩模图形是通过将编码区域（不包括为格式信息和版本信息保留的部分）内那些条件为真的模块定义为深色而产生的。所列的条件中，i 代表模块的行位置，j 代表模块的列位置，$(i, j) = (0, 0)$ 代表符号中左上角的位置。

表 9-9　掩模图形的生成条件

掩模图形参考	条件	掩模图形参考	条件
000	$(i + j) \bmod 2 = 0$	100	$\lceil (i \operatorname{div} 2) + (j \operatorname{div} 3) \rceil \bmod 2 = 0$
001	$i \bmod 2 = 0$	101	$(i\,j) \bmod 2 + (i\,j) \bmod 3 = 0$
010	$j \bmod 3 = 0$	110	$[(i\,j) \bmod 2 + (i\,j) \bmod 3] \bmod 2 = 0$
011	$(i + j) \bmod 3 = 0$	111	$[(i\,j) \bmod 3 + (i + j) \bmod 2] \bmod 2 = 0$

掩模示意见图 9-19，模式 2 符号的掩模过程见图 9-20。

④ 掩模结果的评价。常用的掩模评估算法是加权值计分的掩模评估算法。

该算法的主要思想是通过对不希望出现在二维码图形中的图形结构进行计分，并加上权值，选择计分最小的掩模结果作为最终结果。算法步骤如下。

Ⅰ．选取不希望掩模结果中出现的图形特征，例如与定位图形结构相同的图形、颜色相同的模块组成的块等，并为根据期望为不同的图形特征设置不同的权值；

Ⅱ．用这个标准去评估掩模结果，如果出现前面所述的图形就进行相应"罚分"；

Ⅲ．选择计分结果最低掩模结果。

以 QR 码为例，QR 码的掩模评估算法选择的图形特征以及评价条件和计分方法如表 9-10 所列。其中，N_1 到 N_4 为相应特征图形的权重（$N_1 = 3$，$N_2 = 3$，$N_3 = 40$，$N_4 = 10$）；颜色相同且模块数大于 5 的模块，超过 5 的模块数记为 i；黑色模块所占比率超过 50% 的值记为 k，步长为 5% 。

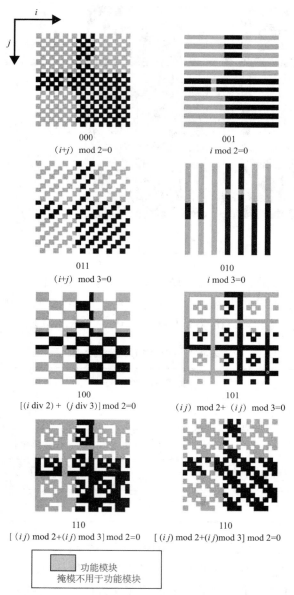

图 9-19   掩模示意

表 9-10   QR 码掩模结果计分

特征	评价条件	分数
行/列中相邻模块的颜色相同	模块数 = （5 + i）	$N_1 + i$
颜色相同的模块组成的块	块尺寸 = $m \times n$	$N_2 \times$ （$m - 1$） $\times$ （$n - 1$）
在行/列中出现定位图像		N_3
整个符号黑、白模块的比率	50 ± （5 × k）% 到 50 ± ［5 × （$k + 1$）］%	$N_2 \times k$

表 9-11 分析了编码过程中使用的关键技术的作用以及负面影响，引入这些技术虽然提升了二维码的性能，但同时也增加了编码以及译码的难度，或者是降低了二维码

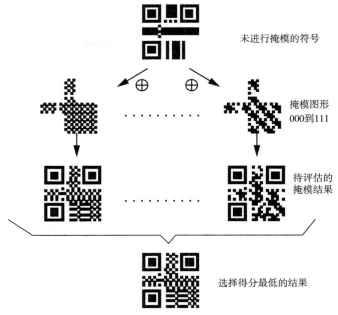

未进行掩模的符号

掩模图形
000到111

待评估的
掩模结果

选择得分最低的结果

图9-20　模式2符号的掩模过程

容量，所以编码需要权衡考虑两个方面的影响，选择最佳的方案。

表9-11　编码关键技术分析

	数据编码技术	纠错码技术	掩模技术
作用	提高数据压缩率，增大单位条码面积容量	提高容错能力	提高条码可读性，提高识别效率
负面影响	增加编码以及译码难度	占用编码区域减小条码容量	增加编码难度

▶9.5.2.2　QR 码生成技术实现

（1）ZXing

ZXing 是一个开源 Java 类库用于解析多种格式的 1D/2D 条形码。目标是能够对 QR 编码、Data Matrix、UPC 的 1D 条形码进行解码。其提供了多种平台下的客户端包括 J2ME、J2SE 和 Android。相比其他生成方式而言，它更加灵活方便，可以实现多种编码格式，如 UPC－A and UPC－E、EAN－8 and EAN－13、QR Code、Data Matrix、PDF 417 码等。

（2）BarCode4j

barcode4j 是一款开源的条形码生成库，能够生成很多种编码的条形码，例如 code－39、code－128 等。barcode4j 是使用 datamatrix 的二维码生成算法，为支持 QR 的算法；datamatrix 是欧美的标准，QR 为日本的标准，barcode4j 一般生成出来是长方形的二维码。

（3）jquery. qrcode. js

jquery. qrcode. js 是一个能够在客户端生成矩阵二维码 QRCode 的 jquery 插件，使用它可以很方便地在页面上生成二维条码。此插件是能够独立使用的，体积也比较小，使用 gzip 压缩后才不到 4kb。因为它是直接在客户端生成的条码，所以不会有图片下载的过程，能够实现快速生成。它是基于一个多语言的类库封装的，也不依赖于其他额外的服务。

（4）QR 码生成实现

本节选择使用灵活方便的 ZXing 来生成所需的 QR 二维码。ZXing 提供了 core 和 javase 两个类库以供二维码开发者使用，其内部封装了二维码生成及解析算法的具体实现细节，对外只提供了供开发人员调用的简单的接口，开发者无需深入研究其具体实现，直接引入这两个 jar 包到项目中即可使用类库中提供的接口，简化了开发难度，提高了开发效率。ZXing 先使用 Hashtable 设置使用的文字编码，然后建立 BitMatrix，再把 BitMatrix 写入图片。

本节需要将与污染源有关的信息生成 QR 码，在此以污染源企业基本信息为原始数据输入为例来测试 ZXing 生成 QR 码的实现，并辅以 gZip 压缩算法对字符串进行压缩。图 9-21 为输入的需要生成 QR 二维码的污染源基本信息，包括单位名称、法定代表人、所属集团公司、行业类别、所在流域、排水去向、是否重点污染源等。

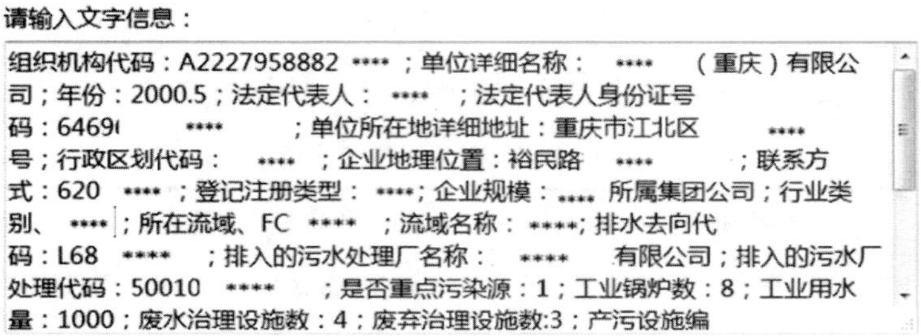

请输入文字信息：

组织机构代码：A2227958882 **** ；单位详细名称：　　**** 　（重庆）有限公司；年份：2000.5；法定代表人：　**** 　；法定代表人身份证号码：64690 **** 　　　；单位所在地详细地址：重庆市江北区　　**** 号；行政区划代码：　**** 　；企业地理位置：裕民路　**** 　　　；联系方式：620 **** ；登记注册类型：**** ；企业规模：**** 所属集团公司；行业类别、　**** ；所在流域、FC ；流域名称：****；排水去向代码：L68 **** 　；排入的污水处理厂名称：　**** 　有限公司；排入的污水厂处理代码：50010 **** ；是否重点污染源：1；工业锅炉数：8；工业用水量：1000；废水治理设施数：4；废弃治理设施数:3；产污设施编

图 9-21　原始中文字符串输入

QR 码生成程序生成的 QR 码情况如图 9-22 及图 9-23 所示。

图 9-22　未经压缩生成的 QR 码

比较前后生成的 QR 码，发现经过 GZIP 压缩算法压缩输入数据之后生成的 QR 码较未经压缩而生成的 QR 码，密度有了明显地减少，可知信息容量较之前已经有了很大压缩。

图 9-23　压缩后生成的 QR 码

9.5.3　条形码识别解析技术

▶ 9.5.3.1　二维码解码算法研究

从识读一个 QR 码符号到输出数据字符的译码步骤是编码程序的逆过程，解码过程如图 9-24 所示。

（1）寻像图形识别算法

1）确定寻像图形方位

① 规则描述如下。

Ⅰ. 选择图像的反射率最大值与最小值之间的中值确定阈值，使用阈值将图像转化为一系列深色与浅色像素。

Ⅱ. 确定寻像图形，在 QR 码中的寻像图形由位于符号的 4 个角中的 3 个角上的 3 个相同的位置探测图形组成。每一位置探测图形的模块序列由一个深色 – 浅色 – 深色 – 浅色 – 深色次序构成，各元素的相对宽度的比例是 1∶1∶3∶1∶1。对本译码算法，每一元素宽度的允许偏差为 0.5（即单个模块的方块的尺寸允许范围为 0.5～1.5，3 个模块宽度的方块的宽度允许尺寸范围为 2.5～3.5）。

Ⅲ. 当探测到预选区时，注意图像中一行像素与位置探测图形的外边缘相遇的第一点和最后一点 A 和 B（图 9-25）。对该图像中的相邻像素行重复探测，直到在中心方块 X 轴方向所有穿过位置探测图形的直线被全部识别。

Ⅳ. 重复步骤Ⅲ，在图像的 Y 轴方向，识别穿过位置探测图形中心方块的所有像素行。

② 算法描述如下。

While（探测点在图像中时）｛if（当前探测点与前一个点的颜色相同）｝　将记录点颜色的数量值增加 1｝

　　　　　else ｛if（当前探测点的颜色为浅色时）｝｛if（此前记录的数值是否满足 1∶1∶3∶1∶1）

　　　　　找出起点 X_1，终点 X_2，并记录直线 X_1X_2

　　　　　　　}

　　　　　　　else｛记录此颜色数量新值为 1，更新前面点颜色记录｝将当前探测点
按照水平或者垂直方向移动｝

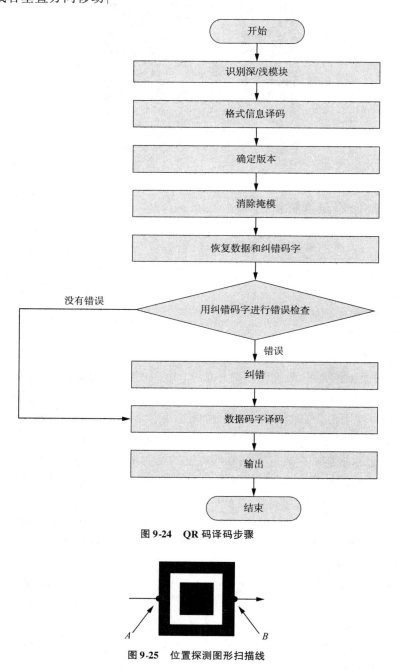

图 9-24　QR 码译码步骤

图 9-25　位置探测图形扫描线

2）确定寻像图形中心直线及探测中心

① 规则描述如下。

Ⅰ. 确定探测图形中心，通过在 X 轴方向穿过位置探测图形中心块的最外层的像素

线上 A、B 两点连线的中点连一直线，用同样方法在另一垂直方向上划一直线，两条直线的交点就是位置探测图形的中心。

Ⅱ. 重复步骤Ⅰ，确定其他两个位置探测图形的中心位置。

② 算法描述如下。

初始条件：探测线邻居集合为空，结果集合为空，邻居定义为两直线的首位点 x，y 坐标差值小于 2

　　　　While（备选探测线集合中还有元素时）｛

　　　　　for（依次取出探测线作为备选探测线）｛

　　　　　　　　清空探测线邻居集合，将备选探测线加入邻居集合

　　　　　for（对剩下的备选探测线集合的每一条探测线）｛

　　　　　　if（探测线和邻居集合中的最后一条线是邻居）

　　　　　　　if（如果没有其他线可加入邻居集合并且集合长度大约为探测线长度的 3/7）｛

　　　　　　　　　取邻居集合中间线加入结果集合，并将邻居集合中的线从备选线集合中移除

　　　　　　　　｝

　　　　　　　｝

　　　　　　｝

　　　　　｝

　　　　　返回结果集合

③ 寻找探测中心算法描述如下。

初始条件：探测中心集合为空，两个元素垂直并相交即水平元素的头点 X 坐标值小于垂直元素头尾点 X 坐标值，尾点 X 坐标值大于垂直元素头尾点 X 坐标值，垂直元素头尾点 Y 坐标值与水平元素 Y 点坐标值同理。

　　　　　While（备选探测中心直线集合还有元素时）｛

　　　　　　for（依次取出集合元素作为待比较元素）

　　　　　　　　for（依次从剩下集合中取出元素与待比较元素比较）｛

　　　　　　　if（两个元素垂直并相交）｛

　　　　　　　　　找出两条直线的交点作为中心放入探测中心集合（取水平直线 Y 和垂直直线 X）

　　　　　　　　从探测中心直线集合中去除这两元素

　　　　　　　｝

　　　　　　｝

　　　　　返回探测中心集合

（2）图形符号方位探测算法

通过符号方位探测算法，主要是解决识别同一图片旋转后的问题。识别后的 3 个中心点坐标顺序应该为以图 9-26 为参考的左上角、右上角和右下角并以此确定符号的方位。旋转图如图 9-26 旋转 1 和旋转 2 所示。

(a) 标准   (b) 旋转1   (c) 旋转2

图 9-26   旋转图

算法分析如下。

通过观察，可以很容易地确定第一个中心点即标准图形的左上角点，具体做法为计算出 3 点中两两之间连线距离，3 点中除去组成最长距离直线的两点就是要找出的第 1 个中心点。

通过观察，右上角点和左下角点在旋转角度不同的情况下，设中心点为 C （X_c，Y_c）其余两点设为 P_1（X_1，Y_1）和 P_2（X_2，Y_2），可以分为以下几种情况。

① 当 C 在 P_1 和 P_2 连线下即（$Y_c < Y_1$）&&（$Y_c < Y_2$），如图 9-27 所示。

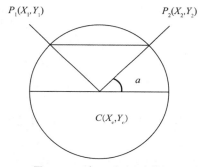

图 9-27 C 在 P_1 和 P_2 连线下

右上角点始终在左下角点左边，即 $X_{右上} < X_{左下}$。

② 当 C 在 P_1 和 P_2 连线右边即（$X_c > X_1$）&&（$X_c > X_2$），如图 9-28 所示。

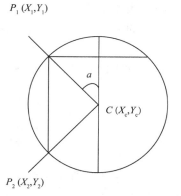

图 9-28 C 在 P_1 和 P_2 连线右边

右上角点始终在左下角点下边，即 $Y_{右上} > Y_{左下}$。

③ 当 C 在 P_1 和 P_2 连线上边即（$Y_c > Y_1$）&&（$Y_c > Y_2$），如图 9-29 所示。

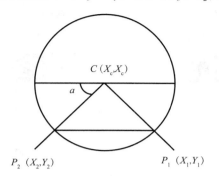

图 9-29　C 在 P_1 和 P_2 连线上边

右上角点始终在左下角点左边，即 $X_{右上} > X_{左下}$；

④ 当 C 在 P_1 和 P_2 连线左边即（$X_c < X_1$）&&（$X_c < X_2$），如图 9-30 所示。

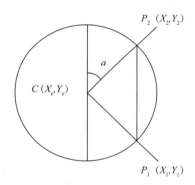

图 9-30　C 在 P_1 和 P_2 连线左边

右上角点始终在左下角点上边，即 $Y_{右上} < Y_{左下}$。

旋转角度通过 $\mathrm{Sin}\, a = (Y_{右上} - Y_c)/r$ 和 $\mathrm{Cos}\, a = (X_{右上} - X_c)/r$ 计算出（其中 r 表示中心点和右上角点的距离）。

（3）图形版本尺寸解码

算法描述如下。

1）确定距离 D，即左上角位置探测图形中心与右上角位置探测图形中心之间的距离，两个探测图形的宽度 W_{UL} 和 W_{UR}，如图 9-31 所示。

2）计算符号的名义模块宽度尺寸 X

$$X = (W_{UL} + W_{UR})/14$$

3）初步确定符号的版本

$$V = [(D/X) - 10]/4$$

4）如果初步确定的符号版本等于或小于 6，那么该计算值即为版本号。如果初步确定的符号版本等于或大于 7，那么版本信息应按下列步骤译码：

① 用 7 除以右上角位置探测图形的宽度尺寸 W_{UR}，得到模块尺寸 CP_{UR}

$$CP_{UR} = W_{UR}/7$$

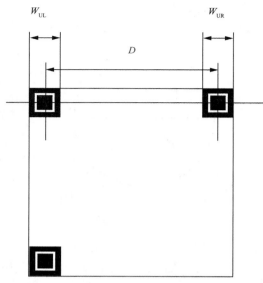

图 9-31　上部位置探测图

② 见图 9-32，由 A、B 和 C 找出通过 3 个位置探测图形中心的导向线 AC、AB。根据与导向线相平行的直线、位置探测图形的中心坐标和模块尺寸 CP_{UR} 确定在版本信息 1 区域中每一模块中心的取样网格。二进制值 0 和 1 根据采样网格上的深色浅色的图形来确定。

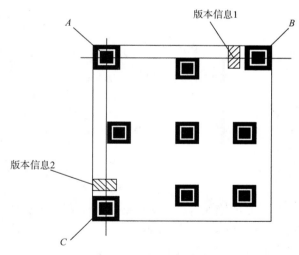

图 9-32　位置探测图形与版本信息

③ 通过检测并纠错确定版本，如果有错，根据 BCH 纠错原理对版本信息模块出现的错误进行纠错。纠错编码采用 BCH（18，6）编码，用 BCH（18，6）码进行纠错。用数据位作系数的多项式除以生成多项式 G（x）$= x_{12} + x_{11} + x_{10} + x_9 + x_8 + x_5 + x_2 + 1$。将剩余多项式的系数串附加到数据位串后形成（18，6）BCH 码串。

④ 如果发现错误超过纠错容量，那么计算左下方位置探测图形的宽度尺寸 W_{DL}，并按上述步骤①、②、③对版本信息 2 进行译码。

（4）校正图形中心和采样网格确定算法

算法描述如下，位置探测图形与版本信息见图 9-33。

① 左上角位置探测图形的宽度 W_{UL} 除以 7，计算模块尺寸 CP_{UL}

$$CP_{UL} = W_{UL}/7$$

② 根据左上角位置探测图形 P_{UL} 的中心 A 的坐标，平行于导向直线 AB 和 AC 的直线以及模块尺寸 CP_{UL} 初步确定校正图形 P_1 和 P_2 的中心坐标（见图 9-33）。

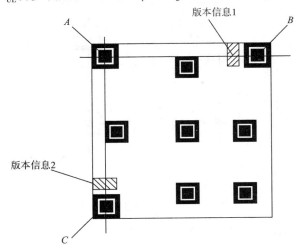

图 9-33　位置探测图形与版本信息

③ 从初定的中心坐标的像素开始，扫描校正图形 P_1 和 P_2 中的空白方块的轮廓，确定实际的中心坐标 X_i 和 Y_j（见图 9-34）。

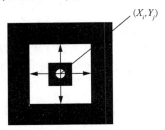

图 9-34　校正图形的中心坐标

④ 根据左上角位置探测图形 P_{UL} 的中心坐标和在步骤③中得到的校正图形 P_1 和 P_2 的实际中心坐标值，估计校正图形 P_3 的初步中心坐标。

⑤ 按照步骤③中同样的步骤找到校正图形 P_3 的实际中心坐标。

⑥ 确定 L_x 和 L_y，L_x 是指校正图形 P_2 和 P_3 两中心之间的距离，L_y 是指校正图形 P_1 和 P_3 两中心之间的距离。用校正图形的已定义的间距除 L_x 和 L_y，获得位于符号左上角区域下边的模块节距 CP_x 和右边的模块节距 CP_y 值。

$$CP_x = L_x/AP$$
$$CP_y = L_y/AP$$

式中，AP 是校正图形中心的模块间距。

以同样方式，找出 L_x 和 L_y 其中，L_x 是左上部位置探测图形 P_{UL} 与校正图形 P_1 的中心坐标之间的水平距离；L_y 是左上部位置探测图形 P_{UL} 的中心坐标与校正图形 P_2 的中心坐标之间的垂直距离，如图 9-35 所示。由下面给出的公式计算符号左上角区域中上边的模块节距 CP_x 和左边的节距 CP_x 值。

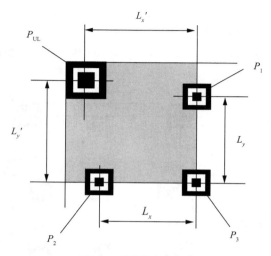

图 9-35   符号的左上区域

$CP_x = L_x /$（校正图形 P_1 的中心模块的列坐标 – 左上部位置探测图形 P_{UL} 的中心模块的列坐标）

$CP_y = L_y /$（校正图形 P_2 的中心模块的行坐标 – 左上部位置探测图形 P_{UL} 的中心模块的行坐标）

⑦ 依据代表符号左上区的每一边的模块节距值 CP_x 和 CP_y，确定覆盖符号的左上区的采样网格。

⑧ 在同样方式下，确定符号右上区（被右上角位置探测图形 P_{UR}，校正图形 P_1、P_3 和 P_4 所覆盖）和符号左下区（被右上区位置探测图形 P_{UR}，校正图形 P_2、P_3 和 P_5 覆盖）的采样网格。

⑨ 对校正图形 P_6（见图 9-36），由校正图形 P_3、P_4 和 P_5 的间距，穿过校正图形 P_3 和 P_4、P_4 和 P_5 的中心的导向直线以及这些图形的中心坐标值得到的模块间距 CP_x 和 CP_y 值，估计它的初步的中心坐标。

⑩ 重复步骤⑤~⑧，确定符号右下区的采样网格。

⑪ 用同样原则确定符号未覆盖区的采样网格。

（5）恢复数据和纠错码字

对网格的每一交点上的图像像素取样，并根据阈值确定是深色块还是浅色块，构造一个位图，用二进制的"1"表示深色的像素，用二进制的"0"表示浅色的像素。译码的顺序为码字在矩阵中的布置及掩模计算设计的逆序进行。

数据纠错具体步骤如下。

① 伴随矩阵拥有如下特性，如果一个生成的数据码字通过传输信道没有错误发生，则与伴随矩阵的倒置 HT 相乘，将得到一个全零向量，这个三元素向量被称为检测子。

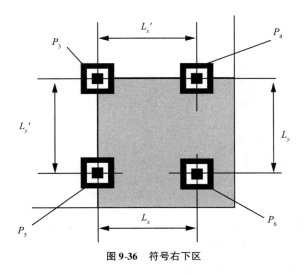

图 9-36　符号右下区

对于没有发生错误的数据，检测子应该为 0，例子如图 9-37 所示。

H 转置矩阵

代码

$$\begin{bmatrix} 0 & 0 & 1 & 1 & 0 & 1 & 0 \end{bmatrix} \begin{bmatrix} 1 & 0 & 0 \\ 0 & 1 & 0 \\ 0 & 0 & 1 \\ 1 & 1 & 0 \\ 0 & 1 & 1 \\ 1 & 1 & 1 \\ 1 & 0 & 1 \end{bmatrix} = \begin{bmatrix} 0 & 0 & 0 \end{bmatrix}$$

检测子

图 9-37　一个传输无错误的数据的检测子

　　假设我们传输了数据向量 v，并且有一个错误发生在第 4 位的位置上，这和此向量加上一个矩阵 e 效果一样，这个错误向量 e 值为 $e = \begin{bmatrix} 0 & 0 & 0 & 1 & 0 & 0 & 0 \end{bmatrix}$。通过将接收到的向量乘以伴随矩阵，因为 vHT 等于 0，我们得到 $(v + e)\ HT = vHT + eHT = eHT$。这个结果非零的向量 eHT 表示在接收码字中出现了问题，如图 9-38 所示。如上所示，这个接收向量和伴随矩阵的乘积称为检测子。

　　一个位错误检测子位模式将会是在 HT 中的一行的模式。行的位置等于接收码字中出错位的位置。所以，通过计算检测子得到一个非零的向量，我们有如下结论：a. 表示有错误发生；b. 如果只有一位发生错误，我们能在接收位标识出发生错误的位置。

　　② 用 BM（Berlekamp - Massey）迭代算法计算错误位置多项式 $\sigma\ (X)$。通过检查子和辅助矩阵利用 BM 算法计算出现错误数量。

　　③ 用钱（Cnien）氏搜索算法计算错误位置多项式 $\sigma\ (X)$ 的根，根的倒数即为错误位置。

　　④ 用 Forney 算法计算错误值，通过处理数据，数据长度，发现错误数量，错误位置矩阵和错误多项式系数矩阵，计算得到正确的码字。

　　（6）各模式数据译码

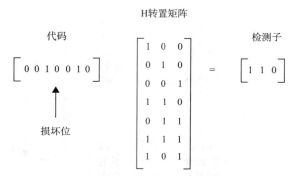

图 9-38   一个传输有错误数据的检测子

信息译码具体操作为对每一段数据进行分析，提取出头部模式信息，根据模式信息的种类，分别采用不同的译码算法，对各模式译码的规则基本上为对相应模式编码规则的逆过程。以对数字模式译码算法为例进行讨论，算法过程描述如下。

初始条件：数据流长度为 dataLength，结果值 String strData 初始化为空值；

while（dataLength 大于 0）｛

if（dataLength 大于等于 3）

将后 10 位数据取出转换为整数放入结果 strData 中

将 dataLength 减去 3；

if（dataLength 等于 2）

将后 7 位数据取出转换为整数放入结果 strData 中

将 dataLength 减去 2；

if（dataLength 等于 1）

将后 4 位数据取出转换为整数放入结果 strData 中

将 dataLength 减去 1；

｝

返回结果 strData。

▶9.5.3.2   QR 码解析实现

在识别二维码的过程中，首先采用所述的 QR 码解析算法解析出二维码携带的数据信息，选用的第三方类库 ZXing 将这一过程封装实现，对外为开发者提供了调用接口，以提高开发效率。

为了满足大容量的数据信息可以生成 QR 码，本节在实现过程中采取了在一段先将数据压缩以减少容量，使其满足生成 QR 码的容量限制，然后将压缩后的字符信息用 QR 码生成技术生成 QR 码，完成 QR 码的生成。

相应地，在解析 QR 码的过程中，我们通过相应的 QR 码解析算法解析出 QR 码携带的数据信息，但此时的数据是经过压缩后的压缩数据，需要用配套的解压缩算法解压缩以得到正确、初始的数据，完成 QR 码的识别解析过程。

以图 9-23 所生成的 QR 码作为输入测试解码程序实现，效果如图 9-39 所示。

图 9-39　待解析的 QR 码图像文件

解析程序的输出如图 9-40 所示。

请输入文字信息：

组织机构代码：A2227958882 ****；单位详细名称：　****　（重庆）有限公
司；年份：2000.5；法定代表人：　****　；法定代表人身份证号
码：6469（　****　；单位所在地详细地址：重庆市江北区　　****
号；行政区划代码：　****　；企业地理位置：裕民路　****　　　；联系方
式：620 ****；登记注册类型：****；企业规模：**** 所属集团公司；行业类
别、　****；所在流域、FC ****　；流域名称：****；排水去向代
码：L68 ****　；排入的污水处理厂名称：　****　有限公司；排入的污水厂
处理代码：50010 ****　；是否重点污染源：1；工业锅炉数：8；工业用水
量：1000；废水治理设施数：4；废弃治理设施数:3；产污设施编

图 9-40　解析程序的输出

参 考 文 献

［1］ European Commission, 2006：Commission Communication COM（2006）508, on http：//eur – lex. europa. eu/Lex-UriServ/LexUriServ. do？uri = COM：2006：0508：FIN：EN：PDF.

［2］ European Parliament, 2006. Regulation（EC）No 166/2006 of the European Parliament and of the Council of 18 Janu-ary 2006 concerning the establishment of a European Pollutant Release and Transfer Register and amending Council Di-rectives 91/689/EEC and 96/61/EC. Official Journal of the European Union：L33/1（4 February 2006）.

［3］ Eurostat, 2011. Characterization of data collection – processing – reporting for agri – environmental policies in Member States of the European Union.

［4］ IED, 2010. Industrial Emission Directive 2010/75/EU of the European Parliament and of the Council of 24 November 2010. Official Journal of the European Union：L334/17（17 December 2010）.

［5］ Meulepas, Peter, 2013. The New Clean Air Policy Package：an overview. http：//tfeip – secretariat. org/assets/Meet-ings/Presentations/Ghent – 2014/MeulepasTFEIP – clean – air – package – and – NECD. pdf.

［6］ UN, 2011. Decision 1/CP. 16. The Cancun Agreements：Outcome of the work of the Ad Hoc Working Group on Long – term Cooperative Action under the Convention. FCCC/CP/2010/7/Add. 1（15 March 2011）.

［7］ 洪亚雄. 环境统计方法及环境统计指标体系研究［D］. 长沙：湖南大学, 2005.

［8］ 方品贤, 江欣. 我国环境统计工作的现状与建议［J］. 环境科学动态, 1984, 08：1 – 2.

［9］ 曾五一, 张建华. 国外环境统计研究状况及其对我国的启示［J］. 东南学术, 2001, 04：47 – 54.

［10］ 廖绍群. 基层环境统计工作中存在的问题及改进措施［J］. 绿色科技, 2014, 10：199 – 200.

［11］ 林晓华, 唐久芳. 论两型社会建设中的环境统计研究［J］. 湖北经济学院学报（人文社会科学版）, 2012, 04：5 – 7.

［12］ 刘秀芳. 浅谈环境统计工作的重要意义［J］. 科技信息, 2008, 35：764.

［13］ 齐珺, 魏佳, 罗志云. 对我国环境统计制度的思考和建议［J］. 环境与可持续发展, 2011, 02：66 – 69.

［14］ 程欢, 彭晓春, 钟义, 等. 我国环境统计与总量控制概述［J］. 安徽农业科学, 2012, 12：7315 – 7318.

［15］ 李志坚, 王凯武. 浅论当前我国环境管理工作中的环境统计［J］. 绿色科技, 2012, 08：158 – 160.

［16］ 王霞. 我国环境统计制度的不足与完善［J］. 消费导刊, 2009, 15：135 – 136.

［17］ 董广霞, 陈默, 傅德黔. 我国环境统计存在的主要问题及对策［J］. 中国环境监测, 2009, 05：70 – 73.

［18］ 邱琼. 我国环境统计发展历程及存在的问题［J］. 中国统计, 2004, 11：8 – 9.

［19］ 李锁强. 对我国现行环境统计的思考［J］. 中国统计, 2003, 08：20 – 22.

［20］ 高峰. "十二五"环境统计工作中存在的问题及建议［J］. 环境保护与循环经济, 2014, 09：69 – 71.

［21］ 骆安胜, 林启安, 张晓晖, 等. 污染源管理信息化建设的思考［J］. 中国环境管理, 2012, 06：45 – 48.

［22］ 廖桂红. "十五"环境统计信息系统和《环境统计报表填报指南》中存在的问题及改进方法［J］. 黑龙江环境通报, 2002, 04：74 – 75.

［23］ 张学雷, 袁步先, 刘定. 污染源编码研究［A］. 中国环境科学学会. 2012.

［24］ 王静. 二维条码技术在机车配件标识中的应用研究［D］. 武汉：武汉理工大学, 2012.

［25］ 秦浩. 离散制造过程在制品标识与信息采集技术研究［D］. 重庆：重庆大学, 2009.

［26］ 刘晓敏. 基于二维码和 RFID 个体标识技术的农产品溯源系统的设计与实现［D］. 西安：西安电子科技大学, 2013.

［27］ 吴聪. 乳制品供应链的溯源体系与预警模型研究［D］. 广州：华南理工大学, 2014.

［28］ 刘秀华, 唐大平. "三表合一"规范污染源信息管理［J］. 环境科学与技术, 2005,（S2）：81 – 83.

［29］ 陈新军, 唐振华, 曹明霞等. 环境统计"三表合一"工作中存在的问题和对策. 中国环境保护优秀论文集（2005）（下册）［C］. 2005.

［30］ 刘从平. 推行"三表合一"工作急待解决的问题. 环境科学与管理［J］. 2006, 31（3）：7 – 8.

［31］ 毛应淮. 浅论"三表合一"的设想. 中国环境管理干部学院学报［J］. 2004, 14（3）：71 – 74.

［32］张学雷，袁步先，刘定．污染源编码研究．2012 中国环境科学学会学术年会论文集（第一卷）［C］.2012：60－61.

［33］易锟．污染源编码规则研究．科技资讯［J］.2012，（23）：148.

［34］王慧觉，曾德芳．污染源概念和公路污染源界定［J］.交通环保.1999，20（1）：31－33.

［35］尹荣楼，李爱荣．环境信息分类编码标准化［J］.环境科学研究.1994，7（2）：148：39－43.

［36］环境保护部．中华人民共和国国家环境保护标准－污染源编码规则（试行）（HJ 608—2011）［S］.2011.

［37］国家环保局，国家技术监督局．环境污染源类别代码（GB/T 16706－1996）［S］.1996

［38］国家统计局．国民经济行业分类与代码（GB/T 4754－2011）［S］.2011.

［39］徐杰民，肖云．二维条码技术现状与及发展前景．计算机与现代化［J］.2004，（12）：141－142.

［40］杨军，刘艳，杜彦蕊．关于二维码的研究和应用．应用科技［J］.2002，29（11）：11－13.

［41］窦勤颖，姚青．条码技术的发展及其应用．计算机工程与科学［J］.2003，25（5）：50－52.

［42］阮李英．如何应用二维码．中国质量技术监督［J］.2009，（5）：60－61.

［43］骆安胜，林启安，张晓晖等．污染源管理信息化建设的思考［J］.中国环境管理.2012（6）：45－48

［44］毛玉如，沈鹏，张晓晓．污染源普查数据分析和成果开发的基准研究［J］.环境与可持续发展.2009，（1）

［45］周建华．污染源数据库：亟需规范统一［J］.环境经济.2008（8）.

［46］徐富春，黄明祥，张波，等．第一次全国污染源普查重点污染源空间数据管理与信息共享服务平台建设研究［J］.环境污染与防治，2012，34（5）：96－100.

［47］何艳，徐建明，施加春．GIS 在环境保护中的应用现状与发展［J］.环境污染与防治，2003，25（6）：359－361.

［48］李莉娜，唐桂刚，秦承华，等．国家污染源监测数据管理系统构建［J］.中国环境监测.2013，29（6）：170－174.

［49］邹志文，姚继承，汤立，等．环境污染源管理系统的设计与实现［J］.微计算机信息，2005，（36）：183－184.

［50］马骁轩．首次污染源普查数据的二次开发及应用研究［J］.安徽农业科学，2009，37（7）：3175－3177.

［51］陈富良．规制机制设计在环境政策中的应用评述［J］.江西大学学报，2005，37（1）：5－8.

［52］陈默，周颖．美国和欧盟环境统计的借鉴意义［J］.中国统计，2009，（7）：52－53.

［53］陈默．中国环境统计改革思路［J］.中国统计，2007，（12）：8－9.

［54］陈涛，李灿．美国环境统计简介［J］.上海统计，2001，（10）：41－42.

［55］程功武．建立与完善入河排污口统计制度初探［J］.人民长江，2011，42（2）：28－31.

［56］程云鹤．中国特色碳减排制度创新研究［D］.长春：东北师范大学，2013：44－112.

［57］董秀月．统计数据质量的内涵与控制［J］.时代经贸，2007，5（10）：213－214.

［58］方统法．组织设计的知识基础论［D］.上海：复旦大学，2003：89－171.

［59］方燕，张昕竹．机制设计理论综述［J］.当代财经，2012，332（7）：119－129.

［60］傅德印．浅论政府统计数据质量控制技术体系［J］.统计与信息论坛，2000，（3）：19－24.

［61］韩小铮，董文福，毛应准．重点污染行业环境统计准专家系统制作［J］.中国环境监测，2010，26（6）：42－45.

［62］郝全军．影响统计数据真实性的根源剖析及对策探索［J］.河南省情与统计，1998，（3）：44－45.

［63］何德旭，王朝阳，张捷．机制设计理论的发展与应用——2007 年诺贝尔经济学奖评介［J］.中国经济时报，2007－10－23（4）.

［64］贺铿，等．中外政府统计体制比较研究［J］.统计研究，2001，（3）：3－11.

［65］黄长著．统计经济学领域的一本重要著作——《社会－经济变化条件下的统计体制改革：日本统计数据面面观》评述［J］.国外社会科学，1996，（6）：71－73.

［66］贾璇，杨海真，王峰．基于机制设计理论的环境政策初探［J］.四川环境，2009，28（2）：78－105.

［67］姜玉山，朱孔来．什么是未来统计体制改革的模式［J］.中国统计，2001，（9）：11－12.

［68］姜作勤．数据质量研究与实践的现状及空间数据质量标准［J］.国土资源信息化，2004，（3）：23－28.

[69] 康蔚兰．论环境统计分析 [J]．江西化工，2008，(4)：250-251.

[70] 赖瑾瑾．国际环境统计制度发展及对中国的启示 [J]．科技咨询，2012，20：218-219.

[71] 乐家华，绍征翌．渔业统计制度的国际比较及对中国的启示 [J]．统计研究，2008，25 (7)：90-95.

[72] 李海鹏．中国农业面源污染的经济分析与政策研究 [D]．武汉：华中农业大学，2007：68-122.

[73] 李怀，赵万里．制度设计应遵循的原则和基本要求 [J]．经济学家，2010，(4)：54-60.

[74] 李换平，张俊霞．现行水利统计体制改革初探 [J]．山西水利，2006，(4)：24-41.

[75] 李金昌．中国到底应该建立什么样的统计调查制度体系？[J]．商业经济与管理，2003，(10)：4-8.

[76] 李启斌．从利益主体的博弈看中国统计制度变迁 [J]．云南财经大学学报．2007，23 (3)：20-24.

[77] 李锁强．国际环境统计的发展趋势 [J]．中国统计，2006，(3)：43-44.

[78] 李锁强．加快建立中国环境统计体系 [J]．中国信息报，2002-5-28 (8)．

[79] 李学栋．论管理机制设计理论 [J]．工业工程，2005，8 (2)：1-16.

[80] 李雪松．中国水资源制度研究 [D]．武汉：武汉大学，2005：101-168.

[81] 李远，王晓霞．中国农业面源污染环境管理：公共政策展望 [J]．环境保护，2005，(11)：23-26.

[82] 联合国．统计组织手册第三版—统计机构的运作和组织 [J]．联合国出版物，2003：8-29.

[83] 梁恒，孙宇博．环境保护系统中的环境统计管理与建设 [J]．科技传播，2011，(9)：36.

[84] 林郁贤．面向"九五"的统计制度方法改革 [J]．中国统计，1996，(11)：7-15.

[85] 刘杰．论如何提高统计数据质量 [J]．经济技术协作信息，2008，(12)：9.

[86] 刘学山．浅论环境统计与环境预测的意义与方法 [J]．山东环境，1995，(3)：12-13.

[87] 罗建章．中国统计管理体制改革的初步构想 [J]．经济问题探索，2009，(9)：179-182.

[88] 马建堂．关于统计体制改革的几个问题 [J]．当代财经，2012，327 (2)：10.

[89] 马士国．环境规制机制的设计与实施效应 [D]．上海：复旦大学，2007：39-62.

[90] 茅晶晶，沈红军，徐洁．全国环境统计数据审核软件设计与实现 [J]．环境科技，2011，24 (4)：65-68.

[91] 米红，杨炳铎，等．中国环境统计指标可操作性框架研究 [J]．环境科学研究，2006，19 (2)：71-74.

[92] 彭立颖，贾金虎．中国环境统计历史与展望 [J]．环境保护，2008，390 (2B)：52-55.

[93] 戚桂杰，顾飞，陈安．管理机制设计理论中的时间规则研究 [J]．科学学研究，2012，30 (7)：1039-1047.

[94] 齐珺，魏佳，罗志云．对中国环境统计制度的思考和建议．环境与可持续发展 [J]．2011，(2)：66-69.

[95] 邱冬，陈梦根．基于数据质量观的中国统计能力建设 [J]．当代财经，2008，(3)：113-117.

[96] 邱询旻，冉祥勇．机制设计理论辨析 [J]．吉林工商学院学报，2009，25 (4)：5-17.

[97] 邵坤．统计数据质量控制对策研究 [J]．中国证券期货，2010，(8)：50.

[98] 宋小霞，郑洋，汪群慧，胡华龙，郭琳琳．日本危险废物统计制度的研究 [J]．环境科学与管理，2007，32 (11)：7-8.

[99] 宋笑飞．星座图在环境统计分析中的应用 [J]．环境监测与技术，1991，3 (3)：50-51.

[100] 宋旭光．统计能力建设：面向发展中国家的统计方略 [J]．中国统计，2003，(7)：9-10.

[101] 孙绍荣．管理原理探索 [D]．北京：中国科学技术出版社，1999-96-10 (5)．

[102] 孙绍荣．行为管理制度设计的符号结构图及计算方法—以治理企业污染环境行为的制度设计为例 [J]．管理工程学报，2010，(1)：77-81.

[103] 孙宪华．论经济统计中的制度安排 [J]．统计研究，2000，(6)：28-34.

[104] 陶用之，陈茂奇．论统计数据质量控制系统的构建 [J]．江苏统计，1996，(9)：15-17.

[105] 汪太鹏．环境信息管理软件开发的可靠性分析 [J]．环境科学与管理，2009，34 (6)：18-20.

[106] 王金南，吴文俊，蒋洪强，许开鹏．构建国家环境红线管理制度框架体系 [J]．环境保护，2014，42 (2-3)：26-29.

[107] 王秋兰．从统计管理体制看统计数据失真的根源 [J]．财经界 2010，(01)：198-200.

[108] 王依军．中国资源环境统计指标体系框架设计 [J]．统计与决策，2011，(21)：36-37.

[109] 魏广君．空间规划协调的理论框架与实践探索 [D]．大连：大连理工大学，2012：25-59.

[110] 吴辉. 美国的统计体制 [J]. 统计研究, 1992, (2): 76 - 79.

[111] 徐晓海. 政府统计制度的新制度经济学分析 [J]. 科学决策, 2010, (3): 23 - 34.

[112] 徐旭. 美国区划的制度设计 [D]. 北京: 清华大学, 2009: 41 - 187.

[113] 许永洪. 统计数据质量的基本概念与数据质量评估的基本模型 [J]. 商业经济与管理, 2010, (12): 82 - 86.

[114] 杨娜. 美国国家农业统计体系及其启示 [J]. 世界农业, 2012, (7): 27 - 31.

[115] 杨娜. 中国农业统计体制及运行机制研究 [D]. 北京: 中国农业科学院, 2012: 32 - 105.

[116] 杨倩苗. 建筑产品的全生命周期环境影响定量评价 [D]. 天津: 天津大学, 2009: 41 - 72.

[117] 杨志勇, 林勇. 探讨与优化中国政府综合统计管理体制模式 [J]. 甘肃省经济管理干部学院学报, 2008, 21 (1): 47 - 50.

[118] 姚瑞华, 吴悦颖, 王东, 赵越, 董文福, 梁涛. 国家重点监控水污染企业筛选方法辨析 [J]. 环境监测管理与技术, 2010, 22 (5): 1 - 4.

[119] 游明伦. 统计数据质量控制的难点及对策 [J]. 统计与决策, 2002, (5): 18 - 19.

[120] 余芳东. 国外统计数据质量评价和管理方法及经验 [J]. 北京统计, 2003, (7): 54 - 55.

[121] 余丽莉. 环境统计数据质量控制问题研究 [J]. 经济研究导刊, 2011, (12): 205 - 206.

[122] 张德宽, 刘绍辉. 对统计制度方法改革的若干思考 [J]. 中国统计, 2003, (8): 5 - 6.

[123] 张芳, 李正辉. 政府统计数据质量管理的国际准则 [J]. 统计与决策, 2005, (1): 44.

[124] 张宏艳. 发达地区农村面源污染的经济学研究 [D]. 上海: 复旦大学, 2004: 70 - 112.

[125] 张坤民, 温宗国, 彭立颖. 当代中国的环境政策: 形成、特点与评价 [J]. 中国人口、资源与环境, 2007, 17 (2): 1 - 7.

[126] 张文健, 孙绍荣. 管理制度设计初探 [J]. 商业研究, 2006, (15): 86 - 89.

[127] 张文健, 孙绍荣. 基于行为控制的制度设计研究 [J]. 科学学研究, 2005, 23 (1): 97 - 100.

[128] 张岩. 中国林业工程审计制度框架构建研究 [D]. 北京: 北京林业大学, 2010: 72 - 111.

[129] 赵乐东. 中国统计制度中几个需要改进的问题研究 [J]. 经济经纬, 2008, (6): 83 - 86.

[130] 赵楠, 刘毅, 陈吉宁. 基于微观模拟的企业排污强度差异及区域特征 [J]. 环境科学, 2009, 30 (11): 3190 - 3195.

[131] 赵学刚, 王学斌, 刘康兵. 中国政府统计数据质量研究 [J]. 经济评论, 2011, (1): 145 - 154.

[132] 赵云成, 李锁强, 胡卫. 德国环境统计 [J]. 中国信息报, 2005 - 5 - 31.

[133] 郑洋, 宋小霞, 胡华龙, 郭琳琳, 汪群慧. 美国和欧盟危险废物统计制度的研究 [J]. 环境与可持续发展, 2007, (4): 1 - 3.

[134] 中外统计体系比较研究课题组. 英国国家统计体系简介 [J]. 中国统计, 2001, (7): 47 - 50.

[135] 周东. 国际环境统计制度发展与及对中国的思考 [J]. 环境管理, 2012, 25 (2): 51 - 53.

[136] 周军, 万小桌. 当前环境统计工作体制问题初探 [J]. 科技创新导报, 2009, (15): 178.

[137] 朱方伟, 孙秀霞, 侯剑华. 国内组织设计理论的研究热点初探 [J]. 现代情报, 2013, 33 (2): 36 - 41.

[138] 朱启贵. 中国国民经济核算体系改革发展三十年回顾与展望 [J]. 商业经济与管理, 2009, (1): 5 - 13.